今すぐ使える かんたん

ジェイダブリューキャド

Jw_cad

完全 コンプリート ガイドブック

困った解決 & 便利技

［Version 8.24a 対応版］

水坂 寛 著

JN006775

技術評論社

本書の使い方

- 本書は、Jw_cad の利用に関する質問に、Q&A 方式で回答しています。
- 目次などを参考にして、知りたい操作のページに進んでください。
- 画面を使った操作の手順を追うだけで、Jw_cad の操作がわかるようになっています。

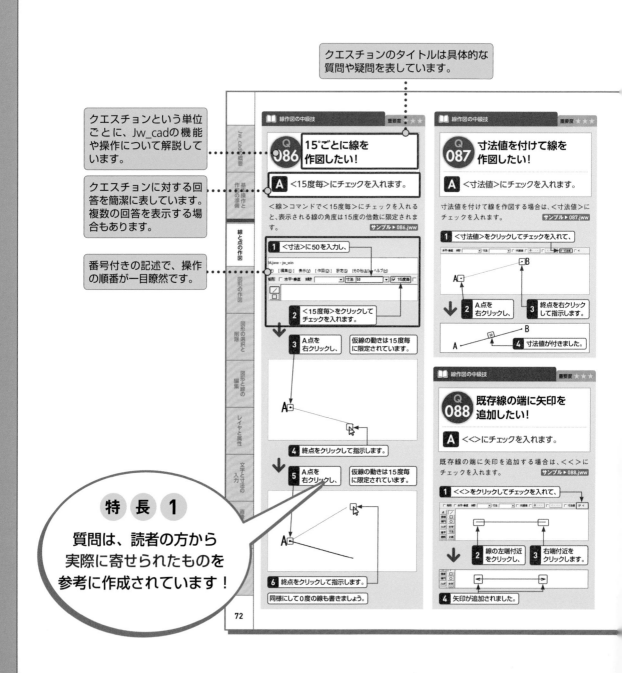

クエスチョンのタイトルは具体的な質問や疑問を表しています。

クエスチョンという単位ごとに、Jw_cadの機能や操作について解説しています。

クエスチョンに対する回答を簡潔に表しています。複数の回答を表示する場合もあります。

番号付きの記述で、操作の順番が一目瞭然です。

特　長　1

質問は、読者の方から実際に寄せられたものを参考に作成されています！

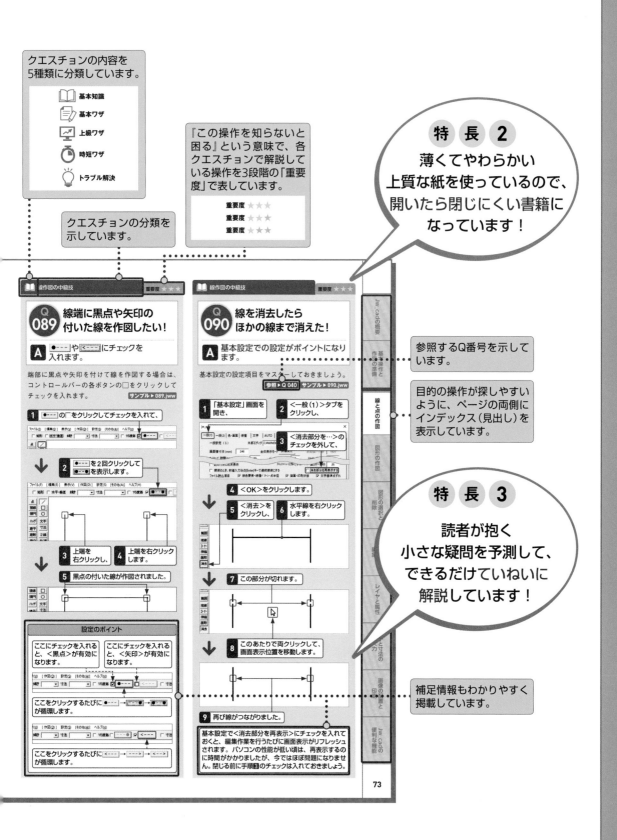

クエスチョンの内容を
5種類に分類しています。

📖 基本知識
📝 基本ワザ
📈 上級ワザ
⏱ 時短ワザ
💡 トラブル解決

クエスチョンの分類を
示しています。

『この操作を知らないと
困る』という意味で、各
クエスチョンで解説して
いる操作を3段階の「重要
度」で表しています。

重要度 ★★★
重要度 ★★★
重要度 ★★★

特 長 2
薄くてやわらかい
上質な紙を使っているので、
開いたら閉じにくい書籍に
なっています！

📖 線作図の中級技　　重要度 ★★★

Q089 線端に黒点や矢印の
付いた線を作図したい！

A ●--- や <--- にチェックを
入れます。

端部に黒点や矢印を付けて線を作図する場合は、
コントロールバーの各ボタンの□をクリックして
チェックを入れます。　サンプル ▶ 089.jww

1 ●--- の□をクリックしてチェックを入れて、

2 ●--- を2回クリックして
■--- を表示します。

3 上端を
右クリックし、

4 上端を右クリック
します。

5 黒点の付いた線が作図されました。

設定のポイント

ここにチェックを入れる
と、＜黒点＞が有効に
なります。

ここにチェックを入れる
と、＜矢印＞が有効に
なります。

ここをクリックするたびに ●--- → ■--- → ■---
が循環します。

ここをクリックするたびに <--- → ---> → <---
が循環します。

📖 線作図の中級技　　重要度 ★★★

Q090 線を消去したら
ほかの線まで消えた！

A 基本設定での設定がポイントになり
ます。

基本設定の設定項目をマスターしておきましょう。
参照 ▶ Q 040　サンプル ▶ 090.jww

1 「基本設定」画面を
開き、

2 ＜一般（1）＞タブを
クリックし、

3 ＜消去部分を…＞の
チェックを外して、

4 ＜OK＞をクリックします。

5 ＜消去＞を
クリックし、

6 水平線を右クリック
します。

7 この部分が切れます。

8 このあたりで両クリックして、
画面表示位置を移動します。

9 再び線がつながりました。

基本設定で＜消去部分を再表示＞にチェックを入れて
おくと、編集作業を行うたびに画面表示がリフレッシュ
されます。パソコンの性能が低い頃は、再表示するの
に時間がかかりましたが、今ではほぼ問題になりませ
ん。閉じる前に手順3のチェックは入れておきましょう。

参照するQ番号を示して
います。

目的の操作が探しやすい
ように、ページの両側に
インデックス（見出し）を
表示しています。

特 長 3
読者が抱く
小さな疑問を予測して、
できるだけていねいに
解説しています！

補足情報もわかりやすく
掲載しています。

Jw_Cadの概要

基本操作と
の準備

線と点の作図

図形の作図

図形の選択と
削除

編集

レイヤと属性

と寸法の

画像の編集と
印

Jw_Cadの
便利な機能

付属 CD-ROM の使い方

- 本書では、Section の多くで付属の CD-ROM に収められている、ファイルを使って解説しています。
- あらかじめ CD-ROM の内容を、ドキュメントフォルダにコピーしておくと、学習のたびに CD-ROM をセットする必要がないので便利です。

1 パソコンの光学ドライブに、CD-ROMをセットします。

2 エクスプローラーが開くので、CD-ROMのアイコンをダブルクリックします。アイコンが表示されない場合は、<PC>→<光学ドライブ>とクリックし、アイコンを表示します。

3 <練習用ファイル>を右クリック→<送る>→<ドキュメント>とクリックします。

<練習用ファイル>の横にある<jww824a.exe>ファイルは、Jw_cadのインストーラーです。作者のWebページからもダウンロードできますが（Q.004参照）、このCD-ROMからもインストールできます。ダブルクリックするとJw_cadのインストールが始まります。以降のインストール手順はQ.005を参照してください。

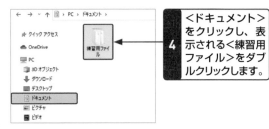

4 <ドキュメント>をクリックし、表示される<練習用ファイル>をダブルクリックします。

5 練習用ファイルフォルダの内容が表示されます。各章のフォルダをダブルクリックすると、各章で使用するファイルが表示されます。

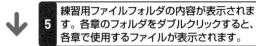

 <JWF>ファイルについては、Q.071、Q.254を参照してください。

6 練習用ファイルが表示されます。本書の指示にしたがって、目的のファイルの上でダブルクリックして開きましょう。

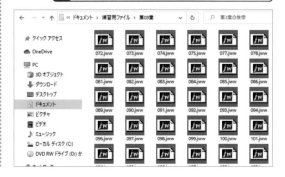

● 練習用ファイルのダウンロードについて

練習用ファイルは弊社サイトからもダウンロードすることができます。ダウンロードできるWebページは以下の通りです。
https://gihyo.jp/book/2022/978-4-297-12488-5/support

アクセスしていただくと、「ID」と「パスワード」を入力する欄がありますので、そこに以下の文章を入力して「ダウンロード」ボタンをクリックしてください。
ID：Jwcad　　パスワード：Perfect　（半角英字で大文字小文字を正確に入力してください）

練習用ファイルの使い方

- 本書で学習するとき サンプル▶081.jww のような表示があるときは、指示されたファイルを開いて、学習しましょう。
- ファイルには解答も隠されています。作業が終わったら、解答を表示して、答え合わせをしましょう。

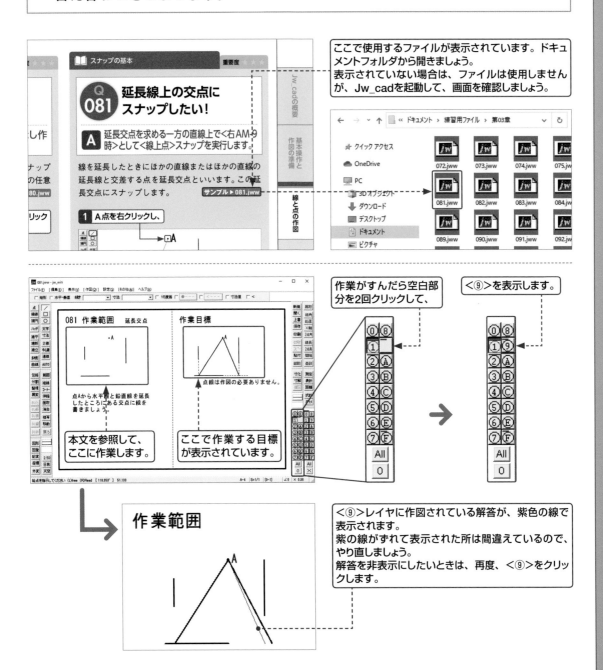

ここで使用するファイルが表示されています。ドキュメントフォルダから開きましょう。
表示されていない場合は、ファイルは使用しませんが、Jw_cadを起動して、画面を確認しましょう。

作業がすんだら空白部分を2回クリックして、

<⑨>を表示します。

本文を参照して、ここに作業します。

ここで作業する目標が表示されています。

作業範囲

<⑨>レイヤに作図されている解答が、紫色の線で表示されます。
紫の線がずれて表示された所は間違えているので、やり直しましょう。
解答を非表示にしたいときは、再度、<⑨>をクリックします。

CAHPTER

① Jw_cadの概要

★ CADの基本とインストール

★ 利用の準備とファイル操作

CHAPTER

② 基本操作と作図の準備

★ メイン画面と基本操作

★ コマンド操作とツールバーの基本

★ 数値入力の基本

★ 用紙と画面表示の設定

★ レイヤ／尺度の操作

★ 線種の操作と設定

★ 線作図の基本

★ スナップの基本

★ 線作図の中級技

★ 曲線／連続線作図の基本

★ 実点と仮点設定の基本

CHAPTER

④ 図形の作図

★ 長方形／多角形の作図

★ 円の作図

★ ハッチングの作図

★ ソリッド図形の作図

⑤ 図形の選択と削除

★ 選択範囲の基本操作

★ 文字列／図形選択の基本操作

★ 範囲選択／消去の中級技

CHAPTER

⑥ 図形と線の編集

★ 複写と移動の基本・中級技

★ 複線の基本操作

★ 複線の中級技

★ 包絡処理の基本操作

★ コーナー処理の基本と応用

★ 伸縮／変形操作の基本と応用

★ レイヤの基本知識

★ レイヤの基本操作

CHAPTER

❽ 文字と寸法の入力

★ 文字操作の基本

⭐ 文字列の属性の設定

⭐ 文字列操作の基本

⭐ 寸法線／引出し線設定の基本

CHAPTER

❾ 画像の配置と印刷

★ 画像の基本操作

⭐ 印刷の基本操作

⑩ Jw_cadの便利な機能

⭐ 座標と測定の設定操作

★ 線の作図の基本

★ 図形操作の中級技

★ 作図で役立つ便利技

Jw_cad の概要

1

Q 001 CADとは？

A コンピュータ支援による設計のことです。

CADとは、Computer Aided Drafting（コンピュータ支援製図）、もしくはComputer Aided Design（コンピュータ支援設計）の略称です。
CADの開発は1960年代に始まり、当初の目的は図面の正確なコピーを出力することでした。しかし、現在では各分野において設計・デザインに欠かすことのできない重要なツールとして導入されており、Computer Aided Designととらえるのが適当だとい

えます。パソコンの普及とともに、日本でもCADが身近で使用されるようになりましたが、それもまだ30年ほどの歴史しかありません。CADが導入されるまで行われていた手描き製図とCADを比べたとき、次のようなメリットがあります。

・作図精度が高く作図時間も短縮される
・修正が簡単である
・過去の資産を再利用できる
・データの共有や送付が簡単にできる

CADの導入にはCADソフトやコンピュータをはじめ、出力するためのプリンタなどが必要となります。しかし、近年ではこれら機器の性能が飛躍的に向上する一方、価格は安くなり、導入は容易になっています。

Q 002 Jw_cadとは？

A 圧倒的に使いやすい2次元CADのフリーソフトです。

Jw_cadは、まだインターネットが普及していない1991年にパソコン通信と呼ばれる電話回線を使った「建築フォーラム」で、清水治郎氏と田中善文氏らにより公開されました。翌92年に建築系雑誌の特集記事の付録として配布されたことがきっかけとなり、広く一般に知られるようになりました。
無料のフリーソフトでありながら、高額で販売されていたCADソフトと比べても遜色ないどころか、むしろ優れた操作性を備えていたので、普及するのは当然のことでした。そしてJw_cadが登場したことで、わが国におけるCADの普及に、大きなインパクトを与えることとなりました。
このような経緯もあり、Jw_cadのユーザーには建築・土木に関わる人が多いようですが、設定によっては機械や電気などの分野でも快適に使用できるため、汎用CADと位置付けられています。
Jw_cadは手描きの製図と同様に、平面で作図する2D CADですが、現在では3D CADやBIMソフトの占める割合が多くなりつつあります。
しかし、軽快な操作性を生かして、三次元化する前の下書きとなる部分をJw_cadで作図し、3Dソフトに

取り込むことも行われています。
開発当初よりバージョンアップが続けられ、現在もなお成長を続けています。

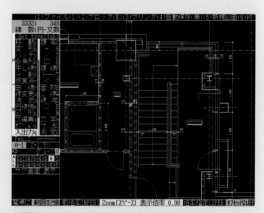

初期のJw_cad（MS-DOS版）の画面。基本的な機能や操作性は、現在のバージョンと比較しても、遜色のない完成度の高いものでした。

フリーソフトについて

フリーソフトとは、使用料などの対価を必要としないソフトウェアのことです。有償としない理由にはいろいろありますが、対価を払っていないため、一般に開発者による技術的なサポートやソフトの不具合による損失の補償などを受けることはできません。自己責任で使用することが原則となります。

Q 003 Jw_cadの使える環境は？

A Windows 7／8／10上で動作します。

使用できるOSについては、Jw_cadのWebページには上記の**A**のように表示されています（2021年11月現在）。ただし、Windows 7については2020年1月で、マイクロソフトのサポートが終了しているため、使用に際してはセキュリティ上のリスクを伴います。

コンピュータの環境としては、Windowsが動作するものであればとくに指定はありませんが、CPU性能が低かったり、メインメモリが4GBを下回ったりすると、動作が遅くなる可能性があります。

モニターの大きさと解像度は、作業効率の観点からできるだけ大きいほうが便利です。なお、モニターの大きさが同じでも、解像度が異なると表示される範囲が異なるので注意が必要です。

● **モニターと画面解像度よる表示範囲の違い**

下図はA3判用紙を表示倍率0.8倍で表示した場合です。モニターの大きいほうが、広い範囲を大きく表示できるので、画面移動や拡大／縮小表示の操作が減り、効率的に作業を行うことができます。

画面解像度1920×1200

画面解像度 1366×768

Q 004 Jw_cadを入手したい！

A インターネットでダウンロードできます。

Webブラウザの検索エンジンを使って「Jw_cad ダウンロード」で検索するとダウンロードサイトが表示されます。複数表示されますが、Jw_cadの作者によるページ（https://www.jwcad.net/download.htm）でのダウンロードが操作も簡単です。

1 Webブラウザの検索エンジンで「jw_cad　ダウンロード」と入力し、

2 ＜Google検索＞をクリックします。

3 ＜ダウンロード-Jw_cad＞（https://www.jwcad.net/download.htm）をクリックし、

forest.watch.impress.co.jp › library › software › jwcad ▾
「Jw_cad」定番の無料2次元CADソフト - 窓の杜
Jw_cadの**ダウンロード**はこちら 自由に線種をカスタマイズできる2次元汎用CADソフト。DOS版で人気を博した2次元汎用CADソフト「JW_CAD」のWindows版。作図に利用できる線は9種類あり、画面に点線で表示されるのみで実際に印刷…

www.jwcad.net › download ▾
ダウンロード - Jw_cad
▭Jw_cadの最新版 Version 8.23(2021/03/10) は下記のサイトから **ダウンロード**してください (jww823.exe 10,606,536 Bytes) ●Jw_cad Version 7.11 (2012/02/19) は下記のサイトから **ダウン**ロードしてください(jww7.11.exe 8,421,449 Bytes) …

4 ＜jw_cad.net＞をクリックします。

5 ＜ファイルを開く＞と表示されたら、自動的にダウンロードが開始されます。

Jw_cadの概要

基本操作と作図の準備

線と点の作図

図形の作図

図形の選択と削除

図形と線の編集

レイヤと属性

文字と寸法の入力

画像の配置と印刷

Jw_cadの便利な機能

Jw_cadの概要

基本操作と
作図の準備

線と点の作図

図形の作図

図形の選択と
削除

図形と線の
編集

レイヤと属性

文字と寸法の
入力

画像の配置と
印刷

Jw_cadの
便利な機能

📖 CADの基本とインストール　　　　重要度 ★ ★ ★

Q 005 Jw_cadをインストールしたい!

A ＜CD-ROM＞のファイルまたはダウンロードファイルを実行します。

4ページの「付属CD-ROMの使い方」の手順**2**のあとに表示される＜jww824a.exe＞をダブルクリックすると、下記の手順**2**の画面が表示されます。最新のJw_cadはQ.004でダウンロードしたファイルを実行します。使用しているブラウザにより表示される画面は異なりますが、下記を参考にして指示に従ってインストールを進めてください。

1 ＜ファイルを開く＞をクリックし、

2 ＜はい＞をクリックします。

3 ＜次へ＞をクリックし、

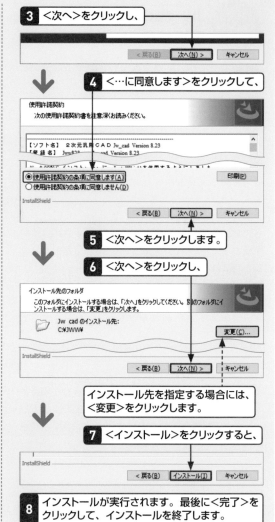

4 ＜…に同意します＞をクリックして、

5 ＜次へ＞をクリックします。

6 ＜次へ＞をクリックし、

インストール先を指定する場合には、＜変更＞をクリックします。

7 ＜インストール＞をクリックすると、

8 インストールが実行されます。最後に＜完了＞をクリックして、インストールを終了します。

📖 CADの基本とインストール　　　　重要度 ★ ★ ★

Q 006 Jw_cadを起動したい!

A ＜スタート＞ボタンから起動します。

Jw_cadの起動は、一般的なWindowsソフトと同じように、＜スタート＞ボタンから行えます。

1 ＜スタート＞ボタンをクリックし、

2 ＜Jw_cad＞フォルダーをクリックして、

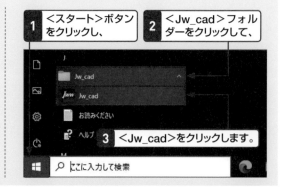

3 ＜Jw_cad＞をクリックします。

Q 007 簡単にJw_cadを起動したい!

A <ピン留め>したりショートカットを作成したりします。

<スタート>ボタンからJw_cadを起動するには少し手間がかかります。頻繁に起動する場合には、ショートカットを作成しておくと便利です。ここでは、<スタート>メニューのタイルにピン留めする方法と、タスクバーにショートカットを作成する方法を説明します。

● <スタート>メニューにピン留めする

1 前ページQ.006の手順を参考に<Jw_cad>を表示し、

2 <Jw_cad>を右クリックして、

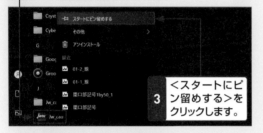

3 <スタートにピン留めする>をクリックします。

4 <スタート>メニューのタイルにピン留めされ、クリックすると起動できます。

● タスクバーにピン留めする

1 前ページQ.006の手順を参考に<Jw_cad>を表示し、

2 <Jw_cad>を右クリックして、

3 <その他>にカーソルを合わせて、

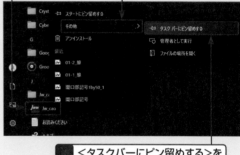

4 <タスクバーにピン留めする>をクリックします。

5 タスクバーにピン留めされ、クリックすると起動できます。

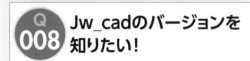

入力して検索

Q 008 Jw_cadのバージョンを知りたい!

A <ヘルプ>で確認することができます。

Jw_cadのダウンロードページに最新版のバージョンが表示されているので、ここで確認したバージョンアップが低いものであれば、ダウンロード、インストールしてください。指示どおりインストールすると上書きされます。 参照▶Q 005

1 <ヘルプ>をクリックし、

2 <バージョン情報>をクリックします。

3 バージョン情報が表示されます。

4 <OK>をクリックして、表示を閉じます。

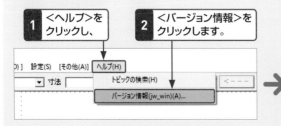

側注（右端）:
Jw_cadの概要 / 基本操作と作図の準備 / 線と点の作図 / 図形の作図 / 図形の選択と削除 / 図形と線の編集 / レイヤと属性 / 文字と寸法の入力 / 画像の配置と印刷 / Jw_cadの便利な機能

Q 009 ファイルを開きたい！

A 一般的なWindowsの
アプリケーションと同じです。

Jw_cadのファイルを開く方法は、＜メニュー＞バー
の＜ファイル＞からファイルの場所を指定する方法
と、ファイルを直接ダブルクリックする方法があり
ます。ここでは、Jw_cadのサンプルファイル「Aマン
ション平面例.jww」を開きます。ファイルの場所は、
Cドライブの「JWW」フォルダーです。

● ファイルから開く

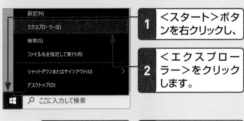

1 ＜スタート＞ボタンを右クリックし、

2 ＜エクスプローラー＞をクリックします。

3 ＜PC＞をダブルクリックし、

4 ＜ローカルディスク(C:)＞をクリックして、

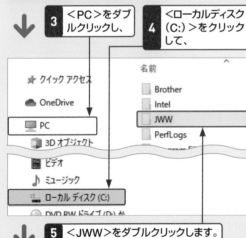

5 ＜JWW＞をダブルクリックします。

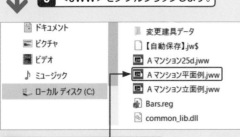

6 ＜Aマンション平面例.jww＞をダブルクリックします。

7 ファイルが表示されます。

● Jw_cad を起動して開く

1 ＜ファイル＞をクリックし、

2 ＜開く＞をクリックします。

＜開く＞をクリックしても次の手順
3の画面を開くことができます。

3 ＜C:＞をダブルクリックし、

＜C:＞の前が＜□＞と
表示されている場合、
この操作は必要ありま
せん。

4 ＜JWW＞をクリックし、

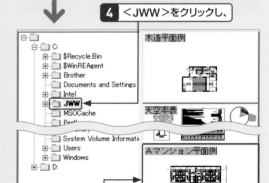

5 ＜Aマンション平面例＞をダブルクリックします。

6 ファイルが表示されます（上記手順**7**の
画面と同じ）。

Q 010 ファイル選択時のプレビューの数を変更したい!

A 「ファイル選択」画面で変更できます。

「ファイル選択」画面からファイルを開いたり、保存操作をしたりするとき、ファイルの内容がわかるようにプレビュー表示されます。標準では、1画面に横4行縦3列で表示されますが、表示される数を少なくして、内容を確認しやすくすることができます。

1 前ページのQ.009の「Jw_cadを起動して開く」の手順**1**〜**2**を参考に、手順**3**の「ファイル選択」画面を表示します。

2 ▼ をクリックして、

3 「2」とし、

4 ▼ をクリックして、

5 「3」とします。

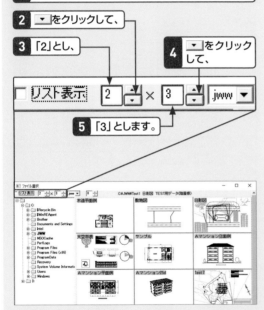

6 プレビューが3行2列で表示されます。

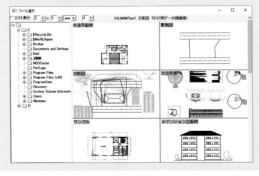

Q 011 プレビュー画面で図面の内容を確認したい!

A 図面編集時と同様に拡大／縮小表示や移動操作ができます。

「ファイル選択」画面で表示されたプレビュー画面は、図面編集と同様に表示の拡大／縮小、移動操作が可能です。

拡大表示	マウスの両ボタンを押したままでドラッグ右下。
全体表示	マウスの両ボタンを押したままでドラッグ右上。
前倍率表示	マウスの両ボタンを押したままでドラッグ左下。
縮小表示	マウスの両ボタンを押したままでドラッグ左上。
画面中央に表示	クリックした点を両ボタンクリック。

以上の操作方法は図面上と同じです。

参照 ▶ Q 042

1 拡大範囲始点でマウスの両ボタンを押したまま、

2 右下へドラッグし、

3 拡大範囲終点でマウスの両ボタンを離すと、

4 指定した範囲を中心に拡大表示されます。

Jw_cadの概要

基本操作と作図の準備

線と点の作図

図形の作図

図形の選択と削除

図形と線の編集

レイヤと属性

文字と寸法の入力

画像の配置と印刷

Jw_cadの便利な機能

Jw_cadの概要

基本操作と作図の準備

線と点の作図

図形の作図

図形の選択と削除

図形と線の編集

レイヤと属性

文字と寸法の入力

画像の配置と印刷

Jw_cadの便利な機能

Q 012 最近使用したファイルを開くには?

A ＜ファイル＞でリスト表示されます。

メニューバーの＜ファイル＞に、最近使った10個のファイルがリスト表示されます。該当するファイル名をダブルクリックすると、開きます。ただし、そのファイルが元の場所から移動するなどしてなくなっている場合には、何も表示されません。

1 ＜ファイル＞をクリックすると、

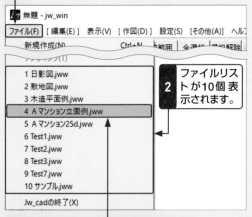

2 ファイルリストが10個表示されます。

3 開きたいファイル名をクリックします。

Q 013 ファイルをリスト表示したい!

A ＜リスト表示＞にチェックを入れます。

同じフォルダー内にたくさんのファイルがある場合、「ファイル選択」画面のプレビュー表示では一度に表示されるファイルが限られているため不便な場合があります。このようなときには、ファイル名をリスト表示するとよいでしょう。保存した日付(時刻も)や記入したメモも表示されます。

1 ＜リスト表示＞をクリックしてチェックを入れます。

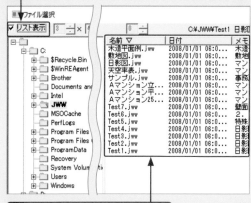

2 ファイルがリスト表示されます。

Q 014 ファイル選択時のファイル名の表示サイズを変更したい!

A 「ファイル選択」画面で変更できます。

「ファイル選択」画面でプレビュー表示している場合、一緒に表示されているファイル名が見づらかったり、邪魔になる場合があります。このような場合には、表示されているファイル名の文字サイズを変更することができます。標準状態を0として＋3～－3まで変更できます。

1 ⬆ を3回クリックすると、

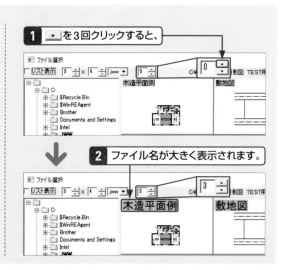

2 ファイル名が大きく表示されます。

Q 015 ファイルを新規に保存したい!

A 一般的なWindowsのアプリケーションと同じ方法で保存できます。

作図・編集中の図面ファイルは、新規に保存できます。ここでは、Jw_cad標準のファイル形式で「C:ドライブ」の「JWW」フォルダーに保存する場合の方法を説明します。

1 ＜ファイル＞をクリックし、
2 ＜名前を付けて保存＞をクリックします。

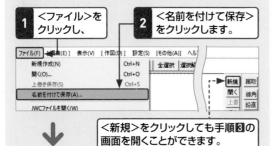

＜新規＞をクリックしても手順❸の画面を開くことができます。

3 ＜C:＞をダブルクリックし、

＜C:＞の前が＜□＞と表示されている場合、この操作は必要ありません。

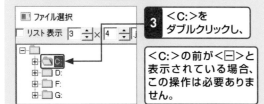

4 ＜JWW＞をクリックして、

5 ＜新規＞をクリックします。
6 ファイル名を入力して、

7 ＜OK＞をクリックします。

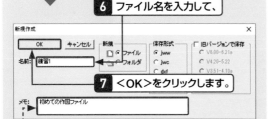

メモ欄は必ずしも入力の必要はありません。ファイルを開く際の「ファイル選択」画面で、＜リスト表示＞の設定を行っているときに表示されます。参照 ▶ Q 013

Q 016 ファイルを上書き保存したい!

A ＜上書き保存＞を実行します。

保存されたファイルを開いて編集した場合や、すでに保存操作をしている場合には、＜上書き保存＞することで、ファイル名はそのままで、変更した内容を保存することができます。

1 ＜ファイル＞をクリックし、

＜上書＞をクリックしても上書き保存できます。

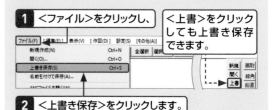

2 ＜上書き保存＞をクリックします。

Q 017 Jw_cadで読み書きできるファイルの種類は?

A 全部で7種類あります。

図面ファイルとして読書きできるファイルは5種類、部品データとして2種類あります。

拡張子	内　容
.jww	Jw_cad標準のファイル形式。
.jwc	古いJw_cadのファイル形式。
.dxf	AutoCADと互換性のある形式。
.p21	国土交通省による電子納品用のファイル形式。国際規格に対応しているが、ファイルサイズが大きい。
.sfc	国土交通省による電子納品用のファイル形式。国際規格には対応していない。
.jws .jwk	＜その他＞→＜図形＞で読込みできるファイル形式。JWSのほうが数値精度が高い。

拡張子

ファイルがどのアプリケーションで作られたかを判別するための、ファイル名のうしろに付けられる文字です。参照 ▶ Q 018

Jw_cadの概要　基本操作と作図の準備　線と点の作図　図形の作図　図形の選択と削除　図形と線の編集　レイヤと属性　文字と寸法の入力　画像の配置と印刷　Jw_cadの便利な機能

Jw_cadの概要

基本操作と
作図の準備

線と点の作図

図形の作図

図形の選択と
削除

図形と線の
編集

レイヤと属性

文字と寸法の
入力

画像の配置と
印刷

Jw_cadの
便利な機能

📖 利用の準備とファイル操作　　重要度 ★★★

Q018 ファイルの拡張子を表示したい！

A <エクスプローラー>で設定します。

Windowsの標準設定では、ファイルの拡張子は非表示に設定されています。このためファイルの種類がわからないので、拡張子「.○○○」を表示するように設定します。　　参照 ▶ Q017

1 Q.009の手順を参考に<エクスプローラー>を起動し、

2 <表示>をクリックして、

3 <ファイル名拡張子>をクリックしてチェックを入れます。

4 拡張子が追加表示されます。

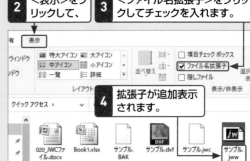

📖 利用の準備とファイル操作　　重要度 ★★★

Q019 ほかのCADソフトのデータを読み込みたい！

A R12形式のDXFファイルで読込みます。

DXFファイルは、オートデスクがAutoCADの異なるバージョン間でのデータ互換を目的として開発したものです。ファイルの仕様は明らかにされていて、多くのCADソフトが対応しています。

しかし、仕様にあいまいな部分があり、DXFファイルを使っても完全な互換性を実現してはいません。このため必要に応じて修正が必要になります。Jw_cadで読込む場合には、R12形式のDXFファイルが、比較的互換性が保たれます。

1 <ファイル>をクリックし、

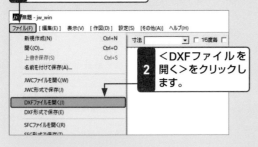

2 <DXFファイルを開く>をクリックします。

3 <Users>をダブルクリックします。

4 PCの<ログイン名>（ここでは、<hp>）をダブルクリックして、

5 <Documents>をダブルクリックし、

6 <練習用ファイル>をダブルクリックします。

7 <第01章>をダブルクリックして、

8 <DXFサンプル>をダブルクリックします。

9 ファイルが開き「DXFサンプル.dxf」と表示されていることが確認できます。

<C:>の前に<+>が表示されている場合は、ダブルクリックしてください。

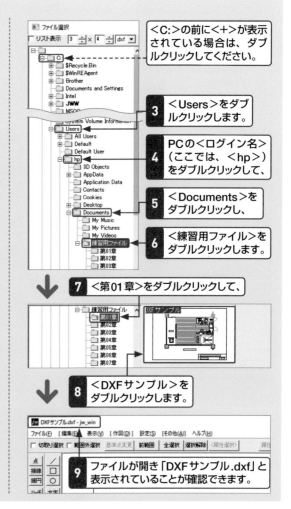

Q 020 ほかのCADソフトで使えるように保存したい!

A DXFファイルで保存します。

ほかのCADソフトで使えるようにするには、DXF形式で保存します。保存するとR12形式のDXFファイルとなり、ほかのバージョンは選択できません。また、図面内に特殊文字を使用している場合は、正常に表示されません。

参照 ▶ Q 268

1 <ファイル>をクリックし、

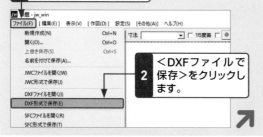

2 <DXFファイルで保存>をクリックします。

3 <新規>をクリックし、

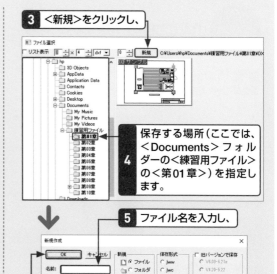

4 保存する場所(ここでは、<Documents>フォルダーの<練習用ファイル>の<第01章>)を指定します。

5 ファイル名を入力し、

6 <OK>をクリックします。

Q 021 JWCファイルで読み書きしたい!

A ファイルメニューで<JWCファイル>を指定します。

基本的には、DXFファイルの保存・読込み操作と同じになります。

参照 ▶ Q 019

1 <ファイル>をクリックし、

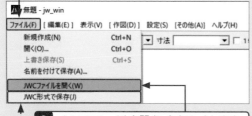

2 <JWCファイルを開く>をクリックします。

JWC形式で保存する場合は、<JWC形式で保存>でをクリックします。

3 <.JWC>に変更されています。

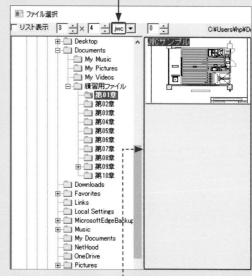

JWCファイルがあれば、この部分にプレビューが表示されます。開きたいJWCファイルをダブルクリックして開きます。

Jw_cadの概要

基本操作と作図の準備

線と点の作図

図形の作図

図形の選択と削除

図形と線の編集

レイヤと属性

文字と寸法の入力

画像の配置と印刷

Jw_cadの便利な機能

Q 022 JWCファイルとは？

A 古いタイプのOS上で動いていた Jw_cadのファイル形式です。

JWCファイルとは、Windows以前の古いOSで動作していたJw_cadのファイル形式です。市販されているCADソフトでも、この形式でのファイルに対応しているものがあり、DXF形式に変換することなくJw_cadで作成したファイルを読込むことができます。

この形式の最終バージョンが発表されてから20年以上になります。この間、OSの変更をはじめパソコンの環境も大きく変化したため、フォントの取り扱いや数値データの精度の低さなど、問題も抱えています。しかし一方で、現在でも建材や設備メーカーから、このファイル形式のデータが提供されています。

Q 023 SFCファイルで 読み書きしたい！

A ファイルメニューで ＜SFCファイル＞を指定します。

ファイルメニューから＜SFCファイルを開く＞あるいは＜SFC形式で保存＞を実行します。

参照 ▶ Q 017

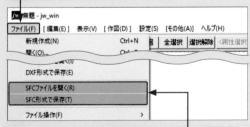

1 ＜ファイル＞をクリックし、

2 ＜SFCファイルを開く＞または＜SFC形式で保存＞をクリックします。

3 「ファイル選択」画面が表示されたら、保存場所、ファイル名を指定します。

Q 024 P21ファイルで 読み書きしたい！

A ファイルメニューで ＜SFCファイル＞を指定します。

P21ファイルとSFCファイルは国土交通省に提唱されたもので、図面の電子納品に使用されます。P21ファイルの読み書きの操作は、SFCファイルから行います。

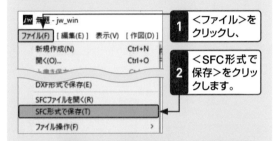

1 ＜ファイル＞をクリックし、

2 ＜SFC形式で保存＞をクリックします。

3 保存する場所（ここでは、＜JWW＞フォルダーの＜練習用ファイル＞の＜第01章＞）を指定します。

4 ▼をクリックし、

5 ＜.p21＞をクリックして、

6 ＜新規＞をクリックします。

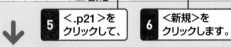

7 ＜p21＞をクリックし、

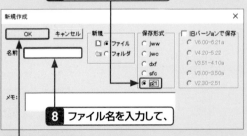

8 ファイル名を入力して、

9 ＜OK＞をクリックします。

Q 025 BAK（バック）ファイルとは？

A 上書き保存する前のファイルのことです。

Jw_cadでは万が一に備えて、上書き保存する前の状態のファイルを拡張子を「.BAK」に変更して残してあります。上書き保存前の状態に戻りたいときに、拡張子を「.jww」に変えて読込むことで戻ることができます。　参照 ▶ Q 027

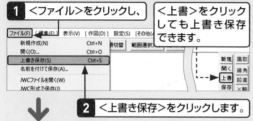

1 ＜ファイル＞をクリックし、

＜上書＞をクリックしても上書き保存できます。

2 ＜上書き保存＞をクリックします。

3 同じファイル名で拡張子の異なるBAKファイルが作成されます。　参照 ▶ Q 018

● BAK ファイルを残す世代の設定

「基本設定」画面で、BAK ファイルの残す世代を指定できます。多く指定すると戻ることのできる範囲は大きくなりますが、無用のファイルも多くできてしまいます。　参照 ▶ Q 040

1 ＜一般（1）＞タブをクリックし、

2 ＜バックアップ ファイル数＞に数値を入力して、

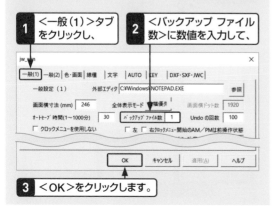

3 ＜OK＞をクリックします。

Q 026 JW$ファイルとは？

A 自動保存（オートセーブ）ファイルです。

JW$ ファイルとは、Windowsが突然クラッシュするなど、万が一の場合に備えて、設定した時間ごとに自動的に保存されるファイルです。拡張子を「.jww」に変更して、Jw_cadで読込むことができます。　参照 ▶ Q 027

指定された時間がたつと、自動的に作成され、以降設定時間ごとに更新されます。

● 自動保存（オートセーブ）間隔の時間設定

自動保存する時間間隔は、「基本設定」画面で設定可能です。短い間隔に設定すれば、失われるデータは少なくてすみますが、頻繁に保存作業が行われ、その間入力作業ができなくなります。　参照 ▶ Q 040

1 ＜一般（1）＞タブをクリックし、

2 ＜オートセーブ時間＞に数値を入力して、

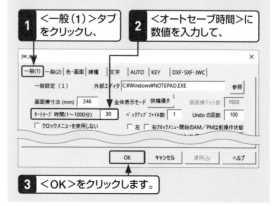

3 ＜OK＞をクリックします。

Jw_cadの概要　基本操作と作図の準備　線と点の作図　図形の作図　図形の選択と削除　図形と線の編集　レイヤと属性　文字と寸法の入力　画像の配置と印刷　Jw_cadの便利な機能

左側縦タブ：Jw_cadの概要／基本操作と作図の準備／線と点の作図／図形の作図／図形の選択と削除／図形と線の編集／レイヤと属性／文字と寸法の入力／画像の配置と印刷／Jw_cadの便利な機能

Q 027 BAKファイルやJW$ファイルを読み込みたい！

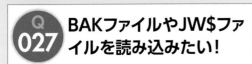

A 拡張子をJWWに変更します。

BAKやJW$と表示された拡張子をJWWに変更すると、アイコンが変わりJw_cadに関連付けされます。

1 拡張子を変更するファイル上で右クリックし、

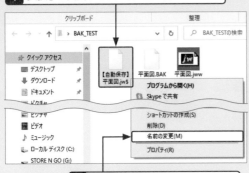

2 ＜名前の変更＞をクリックします。

3 「jw$」を「jww」に変更します。

4 ＜はい＞をクリックします。

名前の変更
⚠ 拡張子を変更すると、ファイルが使えなくなる可能性があります。
変更しますか？
[はい(Y)]　[いいえ(N)]

5 アイコンがJw_cadに変更されます。これをダブルクリックすると、Jw_cadで開くことができます。

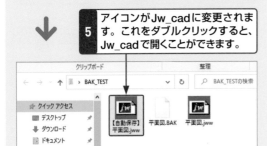

Q 028 複数のJw_cadを開きたい！

A 通常のJw_cadの起動操作を繰り返します。

● **ファイルから開く**

Jw_cadのファイルをダブルクリックするたびに、複数のJw_cadを起動することができます。

参照 ▶ Q 009

● **＜スタート＞メニューのピン留めから開く**

通常の起動操作を繰り返すことで、複数のJw_cadを起動することができます。

参照 ▶ Q 007

● **タスクバーのピン留めから開く**

1 タスクバーのJw_cadのアイコンを右クリックし、

2 ＜Jw_cad＞をクリックします。

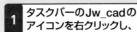

参照 ▶ Q 007

● **複数の Jw_cad の切り替え方法**

開いた数に応じてJw_cadのウィンドウが開きます。最大化表示していて画面下に表示されているJw_cadが見えない場合には、タスクバーの 🇯 をクリックして目的のファイルを選択します。

1 タスクバーのJw_cadのアイコンをクリックすると、開いているファイルのサムネイルが表示されるので、

2 目的のファイルをクリックします。

Jw_cadで使うための CAD用語を知りたい！

A コンピュータ用語とCADに関する用語があります。

コマンド	ユーザーが目的の作業をソフトに伝えるための命令のことです。　参照▶Q 032
スナップ	特定の点（端点や交点など）にカーソルを一致させる機能のことで、CADで正確に図面を仕上げる上で欠くことのできないものです。　参照▶Q 076
相対座標	2点間の位置関係を単純にX,Y方向の距離で表したもので、随時、どちらかの点が基準点となり固定されません。これに対して固定された基準点に対するX,Y座標の位置を表したものを絶対座標といいます。Jw_cadでは相対座標を使用します。　参照▶Q 055
パラメトリック変形	図形の頂点や辺を移動させると、それに接続している辺も一緒に移動・変形する機能で、CADのとても便利な機能の1つです。　参照▶Q 232,234
パンニング	表示されている図面領域を上下左右に移動することです。
包絡処理	関連のある線分同士を自動的に接続し、不要な部分を消去する機能です。　参照▶Q 207
文字列	文字データのことで、1文字でも文字列とみなされます。Jw_cadでは基本的に1行単位で扱います。
文字種	Jw_cadでは、10種類の文字サイズ、フォント、色などを指定して登録できます。また随時、任意の設定で文字を記入することができます。
ソリッド図形	面としての性格を持つ図形データで、彩色を行うことができるものです。＜矩形＞コマンドで長方形のソリッドを、＜多角形＞コマンドで自由な形のソリッドを作成します。
基準点	範囲選択で図形や文字列を選択した際に、重心となる位置に表示される小さな赤い○です。移動や複写の際に、必要に応じて基準点を変更します。

Jw_cadの特殊用語を 知りたい！

A Jw_cadには独特の操作があり特有の用語があります。

クロックメニュー	Jw_cad独自のもので、左または右ドラッグして表示することのできるアナログ時計の文字盤型のコマンドメニューです。作図画面上で直接コマンドの実行ができます。　参照▶Q 033,051
範囲選択枠	図形や文字列を範囲で選択するときに、始点を指示すると表示されるもので、マウスの動きに応じて伸縮することからラバーバンドとも呼ばれています。　参照▶Q 156,175
突出寸法	線の延長線上に、指定した点から飛び出す距離のことです。マイナスにすると、引っ込むことになります。　参照▶Q 227,228
補助線種・補助線色	この設定で作図された図形は、作図画面上は表示されていても、印刷した場合には印刷されません。このため、作図補助や下書き線で使用され、削除する必要もありません。
戻ると進む	Undo、Redoとも呼ばれ、操作の「取消し」と「再実行」のことです。Jw_cadの初期設定値では、100回まで戻ることができます。　参照▶Q 054
両クリック	マウスの両方のボタンを一度にクリックします。画面移動に使用します。　参照▶Q 041
両ドラッグ	マウスの両方のボタンを押したまま移動します。画面表示の拡大／縮小などの画面コントロールに使用します。　参照▶Q 041
レイヤ・レイヤグループ	CADでは複数の透明な紙を重ね合わせ、目的に応じて作図する紙を書き分けます。この透明な紙のことをレイヤといい、CADの重要な機能です。Jw_cadでは16枚のレイヤを1つの集まりとして1レイヤグループとし、尺度や名前の設定が行えます。1ファイルには16レイヤグループが用意されていて、16レイヤ×16レイヤグループ＝256レイヤが用意されていることになります。　参照▶Q 236

Jw_cadの概要

基本操作と作図の準備

線と点の作図

図形の作図

図形の選択と削除

図形と線の編集

レイヤと属性

文字と寸法の入力

画像の配置と印刷

Jw_cadの便利な機能

Q 031 製図用語とCAD用語は同じもの？

A 手描き製図の用語はCADでも使うことは沢山あります。

勾配	水平に対する傾きを示します。水平方向に10進んだときに上下方向にどれだけ移動するかで表します。**参照▶Q 074**
寸法補助線	目的物から寸法を記入する位置まで引きだす線のことです。一般に寸法線を書く場合、寸法線は目的物から離して作図し、寸法を表示したい面に対して垂直に書きます。Jw_cadでは「引出し線」と表現されています。**参照▶Q 285,286,292,297**
尺度	図面に表す実物と、図面上に作図する大きさの比率のことです。実物より大きく作図する場合は倍尺、小さく作図する場合は縮尺、実物と同じ大きさで作図する場合は原寸（現尺）といいます。**参照▶Q 037,065**
ハッチング	図面上の指定した領域を、等間隔の線などで埋めることです。線の種類や間隔を変えることで、材質などを表現することもあります。**参照▶Q 141**
面取り	角を削ることで、接触による怪我や破損を防ぎ、見た印象を柔らかくするための加工のことです。Jw_cadでは直線的に角を落とす「角面取り」、丸く削る「丸面取り」、凹むように削る「しゃくり面取り」が用意されています。**参照▶Q 111,121,222**
モジュール	設計の基準となる基本寸法のことで、規格化することで設計作業の効率化や、現場作業の効率化、材料の無駄を省くことができます。建築の在来工法における1間＝1820mmがこれに相当します。グリッドを指定して作図する場合に向いています。**参照▶Q 061**
用紙	JIS規格にはA列とB列がありますが、現在ではA列のA0〜A4版が多く使用されています。また、長辺を横に置いた状態を正位とし、多くの場合はこの状態で使用します。**参照▶Q 057**
作図補助線	作図していく上で、作図を補助するために書く線のことです。手書き製図では目立たない細線で書き、完成後もそのままにすることが一般的です。CADでは消去が簡単なために削除することは少なくありません。

Q 032 コマンドとは？

A ユーザーがやりたいことをコンピュータに伝える命令です。

Jw_cadのコマンドの実行には、次のような方法があります。

①メニューバーによる方法　**参照▶Q 046**
　マウスの移動量が大きくなり、作図効率がよくありません。

②ツールバーによる方法　**参照▶Q 047**
　マウスの移動量が大きくなり、作図効率がよくありません。

③ショートカットキーによる方法　**参照▶Q 049**
　すばやく操作できますが、マウスとキーボード両手の操作になります。

④クロックメニューによる方法　**参照▶Q 033,051**
　マウスだけで、すばやく操作ができます。

Q 033 クロックメニューとは？

A Jw_cad独特の超便利な操作方法です。

クロックメニューは、作図領域で、＜左ドラッグ＞または＜右ドラッグ＞で表示されるアナログ時計の文字盤状のツールメニューです。作図する場所でコマンドの実行がきるので作図効率が高く、慣れるととても便利です。**参照▶Q 051**

1 作図領域の任意点で＜左ドラッグ＞すると、　➡　**2** 時計の文字盤が表示されます。

伸縮

参照▶Q 053

Q 034 ステータスバーとは？

A 次に何をしたらよいかJw_cadからのメッセージが表示されます。

ステータスバーは、画面の左下に表示されるメッセージです。操作手順を覚えていなくても次に何をすればよいか表示してくれます。

● ステータスバーの表示例とその意味

「範囲選択の終点を指示して下さい」の意味は以下のとおりです。
・(L)は左クリックで指示すると、文字は選択しません。
・(R)は右クリックで指示すると、文字も選択します。
・(LL)は左ダブルクリック、(RR)は右ダブルクリックで指示すると、範囲選択枠が交差している線も選択します。

選択範囲の終点を指示して下さい (L)文字を除く (R)文字を含む　(LL)(RR)範囲枠交差線選択

Q 035 ステータスバーが消えてしまった！

A メニューバーの＜表示＞から＜ステータスバー＞を指示します。

作図・編集を進めていく上で重要な情報が表示されるのがステータスバーです。しかし、何かの拍子に、これが表示されなくなってしまうと、とても困ります。次のようにして表示することができます。

1 ＜表示＞をクリックし、

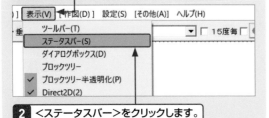

2 ＜ステータスバー＞をクリックします。

Q 036 数値入力欄に数値を入力するには？

A 作図する線や図形の大きさを指示するCADの重要な機能です。

Jw_cadでは、入力方法に工夫がされていて、効率的な入力が可能になっています。入力方法には、
　①キー入力による方法
　②入力履歴からの選択
　③「数値入力」画面からの入力
があります。

● キー入力による方法

1 入力欄でクリックすると、

3 数値を入力して、

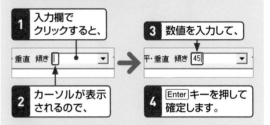

2 カーソルが表示されるので、

4 Enter キーを押して確定します。

● 入力履歴による方法

1 ▼をクリックすると履歴が表示されるので、

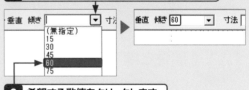

2 希望する数値をクリックします。

● 「数値入力」画面による方法

1 ▼を右クリックすると、

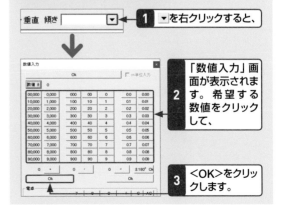

2 「数値入力」画面が表示されます。希望する数値をクリックして、

3 ＜OK＞をクリックします。

Jw_cadの概要

基本操作と作図の準備

線と点の作図

図形の作図

図形の選択と削除

図形と線の編集

レイヤと属性

文字と寸法の入力

画像の配置と印刷

Jw_cadの便利な機能

Jw_cadの概要

基本操作と作図の準備

線と点の作図

図形の作図

図形の選択と削除

図形と線の編集

レイヤと属性

文字と寸法の入力

画像の配置と印刷

Jw_cadの便利な機能

Q 037 実寸と図寸とは？

A 実寸は実物の長さを表し図寸は図面上の長さを表します。

たとえば、下図のようなテーブル（幅1400ｍｍ奥行800mm高さ700mm）を図面で表現するとします。A3版（高さ297mm幅420mm）用紙に作図する場合、当然そのままの寸法では、紙からはみ出てしまうの

で、縮尺1/10で作図することにします。この条件で作図したものが右下図となります。

テーブルの幅について考えると、実寸（実物の寸法）は1400mmです。

しかし、図面上のテーブルの幅は1400mm×1/10＝140mmとなります。

これを図寸（図面上の寸法）といいます。

つまり、縮尺1/10の場合、図寸が140mmなら実寸は1400mmになるということです。

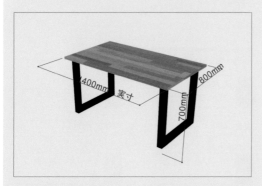

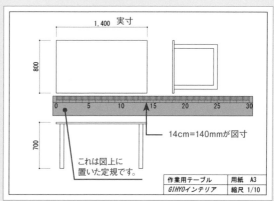

Q 038 属性とは？

A 図形や文字に与えられた判別情報です。

Jw_cadで線や文字に与えられる主な属性には、次のようのものがあります。　**参照 ▶ Q 068〜070,236**

①レイヤ・レイヤグループ

作図する透明な紙をレイヤといい、重ねて層となるものです。CADには多数のレイヤが用意されていて、目的に応じて図形や文字を異なるレイヤに分けて作図します。必要に応じてレイヤを表示したり非表示にしたりします。Jw_cadには16枚のレイヤを1レイヤグループとして、それが16レイヤグループあります。つまり、合計16レイヤ×16レイヤグループ＝256レイヤが用意されています。

②線種

実線や点線、一点鎖線といった線の種類のことです。点線や鎖線の間隔は必要に応じて設定することができます。

③線色

作図する線の色のことで、Jw_cadでは約1677万色を使用することができます。カラー印刷する場合には、画面表示とは異なる線色を指定して印刷することもできます。また、色を使って作図していてもモノクロで印刷することもできます。

Jw_cadで通常使用できる線色は、1ファイルで最大8種類となります。線色には線の太さを設定します。

④そのほかの属性

このほかの属性として、Jw_cadでは、＜図形属性＞＜ハッチング属性＞などがあります。

2

基本操作と作図の準備

左側のタブ（縦書き）:
Jw_cadの概要 / 基本操作と作図の準備 / 線と点の作図 / 図形の作図 / 図形の選択と削除 / 図形と線の編集 / レイヤと属性 / 文字と寸法の入力 / 画像の配置と印刷 / Jw_cadの便利な機能

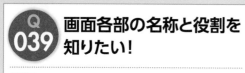

Q 039 画面各部の名称と役割を知りたい！

Jw_cadのメイン画面の各部名称と役割は、以下のとおりです。すべての事項を覚える必要はありませんが、わからない用語や役割があれば、ここで確認してください。

A 下の図を参照してください。

タイトルバー
編集中のファイル名が表示されます。

メニューバー
プルダウンメニューからコマンドを実行します。ほぼすべてのコマンドが収録されています。

コントロールバー
実行中のコマンドにより表示内容が変わります。各コマンドの設定や数値入力を行います。

❶タイトルバーのボタン

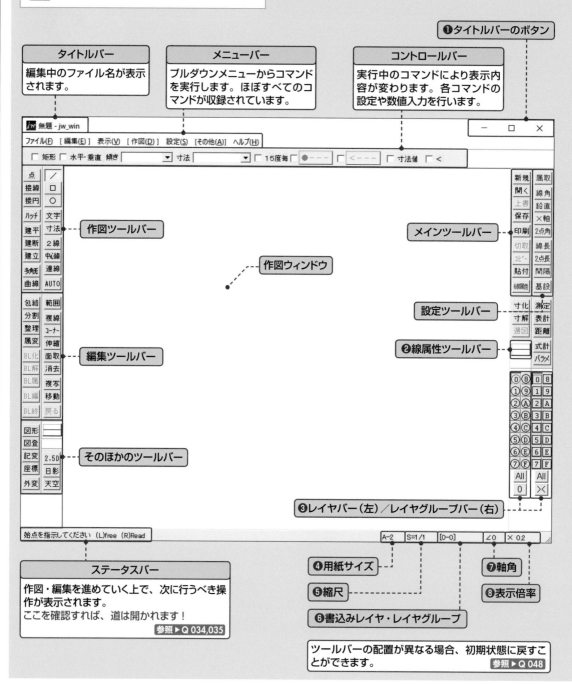

作図ツールバー
メインツールバー
作図ウィンドウ
設定ツールバー
❷線属性ツールバー
編集ツールバー
そのほかのツールバー
❸レイヤバー（左）／レイヤグループバー（右）

ステータスバー
作図・編集を進めていく上で、次に行うべき操作が表示されます。
ここを確認すれば、道は開かれます！
参照 ▶ Q 034,035

❹用紙サイズ
❺縮尺
❻書込みレイヤ・レイヤグループ
❼軸角
❽表示倍率

ツールバーの配置が異なる場合、初期状態に戻すことができます。
参照 ▶ Q 048

❶タイトルバーの ボタン	中央のボタンが□のように表示されている場合は、Jw_cadが表示できる画面領域がモニターに残されています。このアイコンをクリックすると、Jw_cadが全画面で表示されます。 	
❷線属性ツールバー	書込み状態になっている＜線種＞と＜線色＞が表示されています。このアイコンをクリックして「線属性」画面を開き、線種や線色を設定します。 **参照▶Q 070** 	
❸レイヤバー／ レイヤグループ バー	レイヤ・レイヤグループの使用状況が表示されています。凹んだ状態で表示されているのが、書込み状態にあるレイヤ・レイヤグループです。書込みレイヤ・レイヤグループを変更する場合は、変更する番号で＜右クリック＞します。 **参照▶Q 237〜239**	
❹用紙サイズ	現在の用紙サイズが表示されています。用紙サイズを変更する場合には、このアイコンをクリックすると右のメニューが表示されます。 適当な用紙サイズをクリックして選択します。 **参照▶Q 057**	A-0 A-1 ✓ A-2 A-3 A-4 2 A 3 A 4 A 5 A 10m 50m 100m
❺縮尺	書込み状態になっているレイヤグループの尺度が表示されます。このアイコンをクリックすると、「縮尺・読取　設定」画面が開きます。この画面でレイヤグループの尺度を設定することができます。 **参照▶Q 065** 	

❻書込みレイヤ・ レイヤグループ	書込み状態になっているレイヤグループが表示されています。このアイコンをクリックすると、「レイヤ設定」画面が開きます。ここで、レイヤグループ名やレイヤ名、レイヤの状態を設定します。 **参照▶Q 245** 
❼軸角	軸角が表示されています。通常は0°に設定されていますが、任意の角度にX-Y軸を傾けることができます。このアイコンをクリックすると「軸角・目盛・オフセット設定」画面が開きます。軸角の傾きや作図ウィンドウのグリッド、オフセットの設定を行います。 **参照▶Q 342,343** 
❽表示倍率	作図ウィンドウの表示倍率を設定します。このアイコンをクリックして、「画面倍率・文字表示設定」画面を開き、画面の表示倍率や、表示画面登録、文字の画面表示設定を行います。 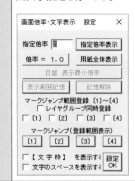

Jw_cadの概要

基本操作と作図の準備

線と点の作図

図形の作図

図形の選択と削除

図形と線の編集

レイヤと属性

文字と寸法の入力

画像の配置と印刷

Jw_cadの便利な機能

Q 040 基本設定とは？

A Jw_cadをカスタマイズしてユーザーが使いやすくするものです。

Jw_cadでは、「基本設定」画面を開いて、画面表示をはじめ、マウスやキーボードの入力方法、線の太さや色などを細かく設定することができます。

「基本設定」画面の＜一般（1）＞で、本書で使用する設定の一部を行いましょう。

1 ＜設定＞をクリックし、　　**2** ＜基本設定＞をクリックします。

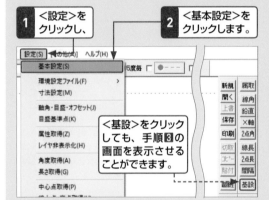

＜基設＞をクリックしても、手順**3**の画面を表示させることができます。

3 ＜一般（1）＞タブをクリックし、

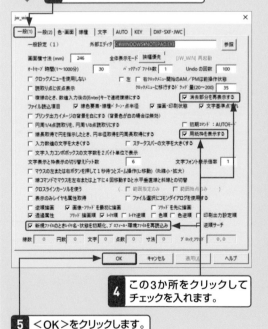

4 この3か所をクリックしてチェックを入れます。

5 ＜OK＞をクリックします。

● ＜消去部分を再表示する＞にチェックがない場合

＜消去＞コマンドで線を消去した場合、重なっている部分の線が、一時的に消えたように表示されてしまいます。　　参照▶Q 090

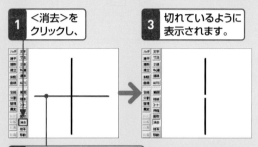

1 ＜消去＞をクリックし、

3 切れているように表示されます。

2 横線を右クリックすると、

● ＜用紙枠を表示する＞にチェックを入れた場合

画面の四周に、用紙の端を示す点線が表示されます。　　参照▶Q 058

● ＜新規ファイルのときレイヤ…＞にチェックがない場合

レイヤグループ名を設定して作図・編集作業を行い、続けて新しい用紙を開いた場合、前に設定したレイヤグループ名が継承されます。

1 レイヤグループ名を設定して作図しています。

2 ＜ファイル＞→＜新規作成＞をクリックして新規作成画面を表示すると、

3 レイヤグループ名が継承されています。

Jw_cadの概要

基本操作と作図の準備

線と点の作図

図形の作図

図形の選択と削除

図形と線の編集

レイヤと属性

文字と寸法の入力

画像の配置と印刷

Jw_cadの便利な機能

Q 041 マウスの基本操作を知りたい！

A Jw_cad特有の操作方法もあります。

Jw_cadでは、マウス操作でいろいろなことができるように配慮されています。このため通常のWindowsでは行わないマウス操作があります。慣れるまでは、マウス操作に違和感がありますが、慣れると合理的な作図ができるようになります。

また、クリックとドラッグの操作には注意してください。ボタンを押したままマウスを動かすと、予測しないコマンドが実行され、慌てることになります。

クリック（L）
左ボタンを1回だけ押してすぐに離します。

右クリック（R）
右ボタンを1回だけ押してすぐに離します。

両クリック
左右ボタンを同時に1回だけ押してすぐに離します。

ダブルクリック（LL）
左ボタンをすばやく2回クリックします。

右ダブルクリック（RR）
右ボタンをすばやく2回クリックします。

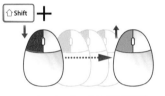

Shift キー＋ドラッグ
Shift キーを押しながらドラッグします。

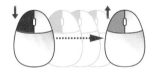

ドラッグ
左ボタンを押したまま移動し、ボタンを離します。

右ドラッグ
右ボタンを押したまま移動し、ボタンを離します。

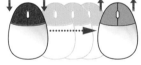

両ドラッグ
左右ボタンを同時に押したまま移動し、同時にボタンを離します。

マウスホイールを下に回転
マウスホイールを下方向に回転させます。

マウスホイールを上に回転
マウスホイールを上方向に回転させます。

マウスホイールクリック
マウスホイールを1回だけ押してすぐに離します。

参照 ▶ Q 042,043,051

Jw_cadの概要

基本操作と作図の準備

線と点の作図

図形の作図

図形の選択と削除

図形と線の編集

レイヤと属性

文字と寸法の入力

画像の配置と印刷

Jw_cadの便利な機能

Q 042 画面の拡大／縮小表示の操作について知りたい！

A 両ボタンドラッグで簡単に操作できます。

CADでは、大きさの限られたモニター上に、大きな図面を表示しなければならないことが多々あります。このような場合、モニター上に図面全体を表示したり、細部を拡大表示したりと、拡大／縮小表示の操作を頻繁に行って作図や編集の作業をします。
Jw_cadでは、この拡大／縮小表示をマウスの両ボタンをドラッグして操作することができます。

サンプル ▶ 042.jww

● 両ボタンドラッグの移動方向と表示操作

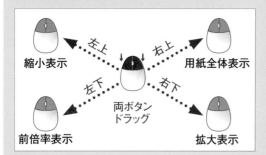

1 両ボタンを押した状態で右下へドラッグすると、

2 拡大表示されました。

3 もう一度右下へ両ドラッグすると、

---

4 さらに拡大表示されました。

5 左下へ両ドラッグすると、

6 前の倍率で表示されました。

7 右上へ両ドラッグすると、

8 用紙全体が表示されました。

9 左上へ両ドラッグすると、

10 縮小表示されました。

左側見出し（縦書き）:
Jw_cadの概要／基本操作と作図の準備／線と点の作図／図形の作図／図形の選択と削除／図形と線の編集／レイヤと属性／文字と寸法の入力／画像の配置と印刷／Jw_cadの便利な機能

Q 043 画面表示を移動させたい！

A 両クリックまたは
Shift キー＋左ドラッグでします。

この操作は、画面の表示倍率を変えずに、表示画面を
上下左右方向に移動する（パンニング）場合に行い
ます。　サンプル ▶ 043.jww

1 表示したい場所で両クリックします。

2 両クリックした場所が中央に
表示されました。

3 Shift キーを押してドラッグします（で
きない場合は、Q.044の画面のチェッ
クの有／無を確認してください）。

4 マウスの動きに応じて
表示位置が移動しました。

Q 044 キーボードを使って画面操作をしたい！

A 「基本設定」画面で設定すると
できるようになります。

マウス操作だけでなく、キーボードを使って画面操
作をすることができます。初期設定ではキーボード
からの操作ができないようになっているので、必要
に応じて「基本設定」画面で有効に設定してくださ
い。　参照 ▶ Q 040

1 ＜一般（2）＞タブを
クリックし、

2 ＜矢印キーで画面移
動…＞をクリックして
チェックを入れ、

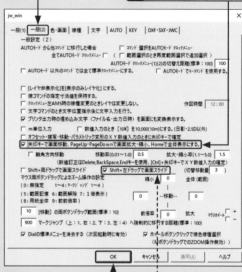

3 ＜OK＞をクリックします。

Q.043の手順**3**
参照

● キーボードによる画面操作

キー	画面操作
Home	用紙全体表示
PgUp	拡大表示
PgDn	縮小表示
↑→↓←	矢印方向に画面移動

右端縦タブ：
Jw_cadの概要／基本操作と作図の準備／線と点の作図／図形の作図／図形の選択と削除／図形と線の編集／レイヤと属性／文字と寸法の入力／画像の配置と印刷／Jw_cadの便利な機能

Q 045 マウスホイールで画面拡大／縮小操作をしたい！

A 「基本設定」画面で設定します。

設定は、「基本設定」画面を開き、＜一般設定（2）＞でマウスホイールの操作を有効にします。

参照 ▶ Q 040　サンプル ▶ 045.jww

1 ＜一般（2）＞タブをクリックし、

2 ＜−＞をクリックしてチェックを入れ、

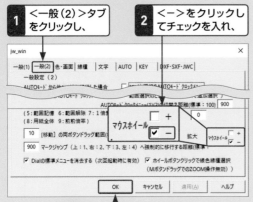

3 ＜OK＞をクリックします。

4 拡大表示したい場所でマウスホイールを上に回転すると、

5 指示した場所を中心に拡大表示されました。

参照 ▶ Q 041

マウスホイールを下に回転すると縮小表示されます。「基本設定」画面で＜＋＞にチェックを入れると（手順2）、逆の動きになります。

Q 046 メニューバーでコマンドを実行したい！

A 画面上部のメニューバーをクリックします。

メニューバーの項目をクリックすると、関連するコマンドをまとめたプルダウンメニューが表示されるので、この中からコマンドを指定します。

● 操作方法①

1 メニューバーの項目（ここでは＜作図＞）をクリックすると、プルダウンメニューが表示されるので、

2 目的のコマンドをクリックします。

● 操作方法②

プルダウンメニューに ▷ が表示されている場合は、この項目にカーソルを合わせると、さらにメニューが表示されます。この中から目的のコマンドをクリックします。

1 ▷ が表示されている場所にカーソルを合わせると、さらにメニューが表示されるので、

2 目的のコマンドをクリックします。

コマンドを実行するために、マウスでの指定が必要なため、作図効率はあまりよくありません。しかし、すべてのコマンドが収められており、この方法でしか実行できないコマンドもあります。

Jw_cadの概要／基本操作と作図の準備／線と点の作図／図形の作図／図形の選択と削除／図形と線の編集／レイヤと属性／文字と寸法の入力／画像の配置と印刷／Jw_cadの便利な機能

Q 047 ツールバーでコマンドを実行したい！

A 左右に配置されたツールをクリックします。

画面左右に配置されたツールバーのアイコンをクリックして、コマンドを実行します。Jw_cadに限らずツールバーは多くのCADで採用されていますが、カーソルを移動してクリックするため、作業効率はよくありません。

参照▶Q 039

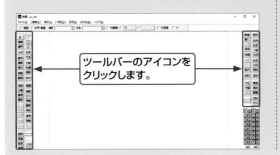

ツールバーのアイコンをクリックします。

● ツールバーをカスタマイズする

ツールバーをユーザーの好みに応じてに移動し、レイアウトすることができます。

1 ツールバーの余白部分をドラッグし、

2 枠が仮表示された所でボタンを離すと、

3 ツールバーが移動します。

Q 048 ツールバーのレイアウトが乱れてしまった！

A メニューバーの＜ツールバー＞コマンドで初期値に戻します。

ツールバーは初期設定のまま使うことが多いようですが、Jw_cadを小さく表示しすぎるなど、ツールバーのレイアウトが乱れてしまい困ることがあります。このような場合には、＜ツールバー＞コマンドで初期値に戻します。

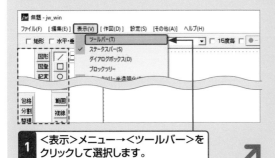

1 ＜表示＞メニュー→＜ツールバー＞をクリックして選択します。

2 「ツールバーの表示」画面が表示されるので、＜初期状態に戻す＞をクリックしてチェックを入れ（クリックで末尾に（1）が付加されます）、

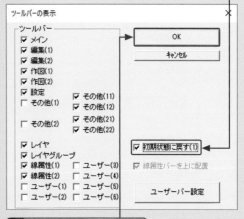

3 ＜OK＞をクリックします。

＜初期状態に戻す（1）＞でさらにクリックすると、＜初期状態に戻す（2）＞になり、さらにクリックするとチェックがない状態に戻ります。インストールした状態に戻す場合は＜初期状態に戻す（1）＞にしてください。

Jw_cadの概要

基本操作と作図の準備

線と点の作図

図形の作図

図形の選択と削除

図形と線の編集

レイヤと属性

文字と寸法の入力

画像の配置と印刷

Jw_cadの便利な機能

Jw_cadの概要

基本操作と作図の準備

線と点の作図

図形の作図

図形の選択と削除

図形と線の編集

レイヤと属性

文字と寸法の入力

画像の配置と印刷

Jw_cadの便利な機能

コマンド操作とツールバーの基本　　重要度 ★ ★ ★

Q 049 ショートカットキーで コマンドを実行したい!

A キーボードからすばやくコマンドを実行できます。

キーボードのキーを押すことで、すばやくコマンドを実行できます。覚えるのが大変ですが、マウスの移動の必要がなく、効率的な作図ができます。よく使うコマンドだけでも覚えておくと便利です。

キー	コマンド	キー	コマンド
A	文字	Shift + A	Auto
B	矩形	Shift + B	線
C	複写	Shift + C	矩形
D	消去	Shift + D	円
E	円	Shift + E	範囲確定・基準点変更
F	複線	Shift + F	点
G	外部変形選択	Shift + G	寸法
H	線		
I	中心線	Shift + I	中心線
J	建具平面	Shift + J	画面登録(1)
K	曲線	Shift + K	画面登録(2)
L	連続線	Shift + L	画面登録(3)
M	移動	Shift + M	伸縮
N	線記号変形	Shift + N	面取り
O	接線	Shift + O	消去
P	パラメトリック変形		
Q	包絡処理	Shift + Q	移動
R	面取り	Shift + R	接線
S	寸法	Shift + S	接円
T	伸縮	Shift + T	建具平面
U	座標ファイル	Shift + U	画面登録(4)
V	コーナー処理	Shift + V	基準点変更
W	2線	Shift + W	多角形
X	ハッチング	Shift + X	曲線
Y	範囲選択	Shift + Y	包絡処理
Z	図形読込み	Shift + Z	ズーム
Tab	属性取得	Shift + Tab	レイヤ非表示化
Esc	戻る	Shift + Esc	進む
F2	線属性設定		
F3	レイヤ設定		

コマンド操作とツールバーの基本　　重要度 ★ ★ ★

Q 050 ショートカットキーを オリジナルで設定したい!

A 「基本設定」画面で設定します。

ショートカットキーによるコマンドの実行は、作図の流れを阻害しないので、とても効率的です。
キーボードのキーと対応するコマンドを覚えるのが大変ですが、頻繁に使うコマンドを、ユーザーが押しやすいキーに割り付けて、オリジナルのショートカット配列を設定することができます。
「基本設定」画面を表示し、<KEY>タブで設定します。

参照 ▶ Q 040

1 <KEY>タブをクリックします。

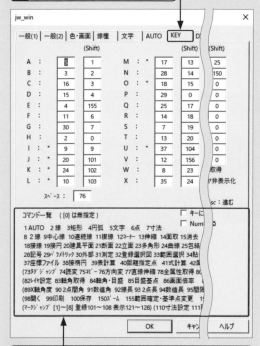

2 コマンド一覧を参照して、コマンドに対応する数値を、上の設定欄に入力します。

Q 051 クロックメニューでコマンドを実行したい!

A マウスのドラッグでコマンドが実行できるとても便利な機能です。

Jw_cad独自のマウス操作により、コマンドを実行することができます。アナログ時計の文字盤をメニュー画面として、0時から11時までの各時間の位置に12個のコマンドを割り付けています。午前の＜AMメニュー＞と午後の＜PMメニュー＞があります。さらに、＜右ボタン＞と＜左ボタン＞があり、12個×4＝48個のコマンドが割り付けられています。

＜AMメニュー＞と＜PMメニュー＞の切り替えには、次の2つの方法があります。

①ドラッグしたまま、一度カーソルをクロック（文字盤）の中に入れて、外に出す。

②ドラッグしたまま、残りのボタンをクリックする。

作図・編集領域からマウスを移動することなく、マウス操作でコマンドを実行できるので、とても快適に作業を進めることができます。

表示されるコマンドは、コマンドの実行状況により変わることがあります。

本書では、たとえば＜左クロック＞で＜AMメニュー1時＞の＜線・矩形＞コマンドを実行する場合、＜左AM-1時＞と表記します。

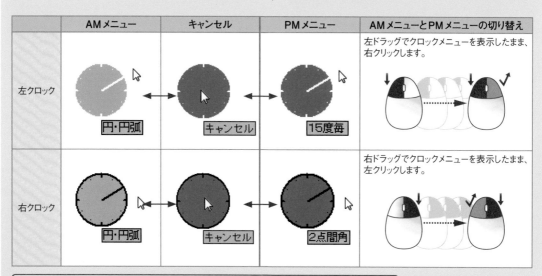

カーソルをクロックの中に入れて出すと、AMメニューとPMメニューが切替わります。

● ＜線＞コマンド実行時に表示されるクロックメニューのコマンド

	左 AM メニュー	左 PM メニュー	右 AM メニュー	右 PM メニュー
0時	文字	【角度±反転】	鉛直・円1/4点	数値 長
1時	線・矩形	■矩形	線・矩形	鉛直角
2時	円・円弧	15度毎	円・円弧	2点間角
3時	包絡	■水平・垂直	中心点・A点	X軸角度
4時	範囲選択	建具断面	戻る	線角度
5時	線種変更	建具平面	進む	軸角取得
6時	属性取得	【全】属性取得	オフセット	数値角度
7時	複写・移動	ハッチ	複写・移動	(−) 軸角
8時	伸縮	連続線	伸縮	(−) 角度
9時	AUTO	中心線	線上点・交点	X軸 (−) 角度
10時	消去	2線	消去	2点間長
11時	複線	寸法	複線	線長取得

メニューはコマンドで変わる

実行中のコマンドにより表示されるクロックメニューのコマンドは変わることがあります。

Jw_cadの概要

基本操作と作図の準備

線と点の作図

図形の作図

図形の選択と削除

図形と線の編集

レイヤと属性

文字と寸法の入力

画像の配置と印刷

Jw_cadの便利な機能

Jw_cadの概要

基本操作と作図の準備

線と点の作図

図形の作図

図形の選択と削除

図形と線の編集

レイヤと属性

文字と寸法の入力

画像の配置と印刷

Jw_cadの便利な機能

Q 052 誤ってクロックメニューを表示させてしまった！

A メニューを表示したまま指を離さずカーソルをクロックの中に戻します。

クロックメニューは、Jw_cad独自のとても便利なツールですが、使い慣れないうちは、意識しないうちにマウスをドラッグしてしまいクロックメニューが表示されることがあります。

クロックメニューが表示された状態で、マウスボタンを離してしてまうと、予期しないコマンドが実行されて困ってしまいます。不必要にクロックメニューが表示されたときは、あわてずに、カーソルをクロックの中に戻して＜キャンセル＞しましょう。

1 クリックするところで、ドラッグしてしまうと、

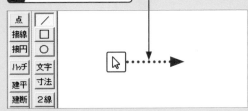

2 クロックメニューが表示されてしまうので、

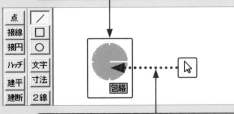

3 そのままマウスボタンから指を離さずに、カーソルをクロックメニューの中に戻し、

4 ＜キャンセル＞が表示されたらマウスボタンから指を離します。

Q 053 クロックメニューを表示させたくないときは？

A 「基本設定」画面で設定します。

どうしてもクロックメニューを不本意に表示してしまい困ることがあります。このような場合、クロックメニューを表示しないように「基本設定」画面から設定することができます。ただし、クロックメニューからしか実行できない＜線・円交点＞＜中心点・A点＞＜線上点・交点＞の各スナップと＜オフセット＞コマンドは表示されます。

1 ＜一般（1）＞タブをクリックして、

2 ＜クロックメニューを使用しない＞をクリックしてチェックを入れ、

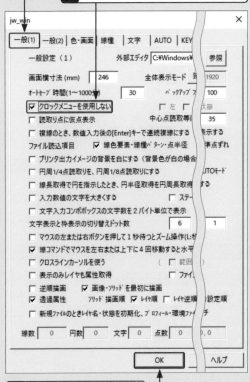

3 ＜OK＞をクリックします。

Q 054 操作を取り消し／再実行したい！

A いろいろな方法が用意されています。

作図・編集作業を行っていて、間違えた操作をすることは多々あります。そんなとき、操作を取り消して元に戻す操作を「取り消し」または「Undo（アンドゥ）」といいます。また、取り消した操作をなかったことにして復活することもできます。これを「再実行」または「Redo（リドゥ）」といいます。Jw_cadでは各種の方法でこれらの操作を行うことができます。

	取り消し Undo	再実行 Redo
ショートカットキー	Esc キー Ctrl + Z キー	Shift + Esc キー Ctrl + Y キー
クロックメニュー	右ボタン AM-4時 戻る	右ボタン AM-5時 進む
メニューバー	＜編集＞→＜戻る＞	＜編集＞→＜進む＞
ツールバー	戻る （左側中段）	なし

● **取り消し／再実行**

Jw_cadを起動して、長方形を3つ作図し、それを＜取り消し＞たり、＜再実行＞してみましょう。

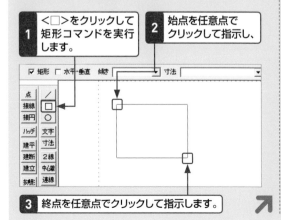

1 ＜□＞をクリックして矩形コマンドを実行します。

2 始点を任意点でクリックして指示し、

3 終点を任意点でクリックして指示します。

4 長方形が黒い線で確定されます。

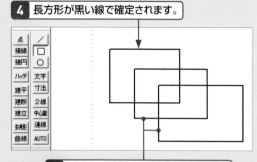

5 同様にして任意の大きさの長方形をさらに2つ作図します。

6 Esc キーを1回押して、1回の操作を取り消します。

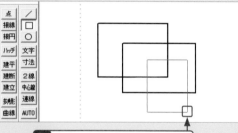

7 終点の指定が解除されました。

8 さらに Esc キーを3回押して、3回の操作を取り消します。

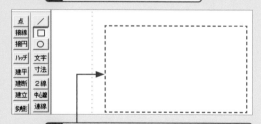

9 作図が取り消されて、長方形が消えました。

10 今度は Shift キーを押しながら Esc キーを押して、操作を＜再実行＞すると、

11 1つの長方形が復活しました。

右側タブ：Jw_cadの概要／基本操作と作図の準備／線と点の作図／図形の作図／図形の選択と削除／図形と線の編集／レイヤと属性／文字と寸法の入力／画像の配置と印刷／Jw_cadの便利な機能

Jw_cadの概要

基本操作と
作図の準備

線と点の作図

図形の作図

図形の選択と
削除

図形と線の
編集

レイヤと属性

文字と寸法の
入力

画像の配置と
印刷

Jw_cadの
便利な機能

 数値入力の基本　　　重要度 ★ ★ ★

Q 055 Jw_cadの座標入力の ルールとは？

A カンマ「,」区切りが原則ですが ほかに便利な方法もあります。

CADでは、座標で位置を指定することは、正確な図面を作図するために、とても重要です。Jw_cadでは、X,Y値を入力するときや、＜2線＞コマンドで基準線からの左右間隔を指示するときなど、2数値を入力する場合は、次のような方法があります。

● 2数値を「,」で区切る

2数値を入力する場合、2数値を「,」で区切って入力します。X,Y座標の場合は「X値,Y値」と入力します。

1 2数値を「,」で区切って入力し、

寸法 150,200

2 Enter キーで確定します。

●「,」の代わりに「..」を使う

キーボードの「,」を入力する代わりに、テンキーのピリオド「.」を2回入力して、「..」としても同じです。

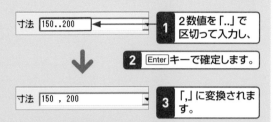

寸法 150..200

1 2数値を「..」で区切って入力し、

2 Enter キーで確定します。

寸法 150 , 200

3 「,」に変換されます。

● 1数値だけ入力する

2数値の入力が必要な場合に、1数値だけを入力すると、2数値ともに同じ値が入力されます。

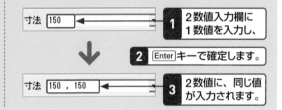

寸法 150

1 2数値入力欄に 1数値を入力し、

2 Enter キーで確定します。

寸法 150 , 150

3 2数値に、同じ値が入力されます。

 数値入力の基本　　　重要度 ★ ★ ★

Q 056 数値入力欄に計算式で 入力したい！

A 計算式の入力が可能です。

数値入力欄に数値を入力するとき、数値だけでなく計算式で入力することができます。計算式に使用できる記号は下記のとおりです。

入力文字	意味	入力文字	意味
+	＋	()	括弧
-	－	^	べき乗
*	×	平方根	^ 0.5
/	÷	P	円周率

なお、小文字の「p」には、Jw_cadの初期設定でショートカットキーの＜パラメトリック変形＞が割り当てられているので使用できません。 参照 ▶ Q 049

● 1数値を式で入力する

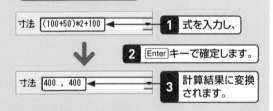

寸法 (100+50)*2+100

1 式を入力し、

2 Enter キーで確定します。

寸法 400 , 400

3 計算結果に変換されます。

● 2数値を式で入力する

式を「,」または、ピリオド2回「..」で区切ります。

1 2つの計算式を「..」で区切って入力し、

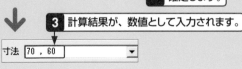

寸法 150/3+20..20*3

2 Enter キーで確定します。

3 計算結果が、数値として入力されます。

寸法 70 , 60

Q 057 用紙サイズを設定したい！

A 画面右下の＜用紙サイズ＞から選択します。

Jw_cadではA4〜 A0サイズまでの標準的な用紙のほか、JIS規格を超える大きな用紙を設定して作図することができます。用紙は横置きのみで縦置きの設定はできません。ここでは、A4用紙に設定してみましょう。

1 現在設定されている用紙サイズが表示されているので、＜用紙サイズ＞をクリックし、

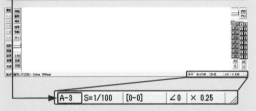

2 ＜A-4＞をクリックします。

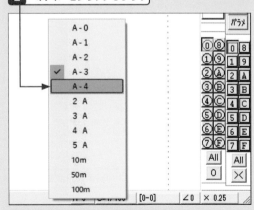

● Jw_cad で使用できる用紙サイズと寸法

用紙サイズ	寸法（mm）	用紙サイズ	寸法（mm）
A-0	841×1189	2A	1189×1682
A-1	594×841	3A	1682×2378
A-2	420×594	4A	2378×3364
A-3	297×420	5A	3364×4756
A-4	210×297	10m	7073×10000

Q 058 用紙の端を表示したい！

A ＜基本設定＞の＜一般（1）＞タブで設定します。

Jw_cadでは、用紙の大きさに関係なく用紙の範囲を超えて作図することができます。しかし、用紙の端が表示されていないと手がかりがなく、作図していても不安になります。「基本設定」画面から用紙の端を表示するように設定することができます。

参照 ▶ Q 040

1 ＜一般（1）＞タブをクリックし、

2 ＜用紙枠を表示する＞をクリックしてチェックを入れ、

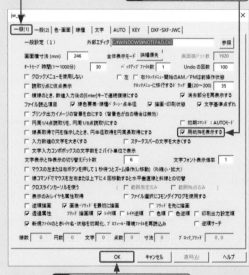

3 ＜OK＞をクリックします。

4 4周に点線で用紙の端が表示されます。

Jw_cadの概要

基本操作と作図の準備

線と点の作図

図形の作図

図形の選択と削除

図形と線の編集

レイヤと属性

文字と寸法の入力

画像の配置と印刷

Jw_cadの便利な機能

📝 用紙と画面表示の設定　重要度 ★★★

Q059 縦置きの用紙を設定したい！

A ひと回り大きい用紙を設定して用紙枠を作ります。

Jw_cadには、縦置きの用紙設定はありません。縦置きの図面を作図する場合には、1サイズ大きい用紙を設定し、そこに目的のサイズの用紙枠を作成します。

● 尺度 1/1 の A4 縦置き用紙を用意する

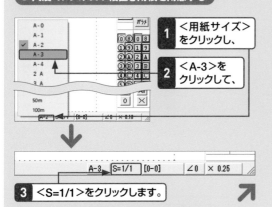

1 ＜用紙サイズ＞をクリックし、

2 ＜A-3＞をクリックして、

3 ＜S=1/1＞をクリックします。

4 ＜縮尺＞にそれぞれ「1」を入力し、

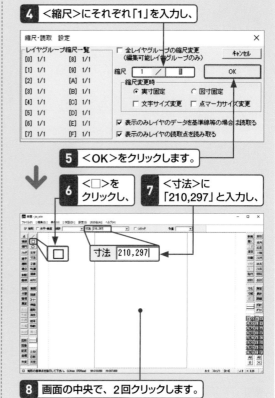

5 ＜OK＞をクリックします。

6 ＜□＞をクリックし、

7 ＜寸法＞に「210,297」と入力し、

寸法 210,297

8 画面の中央で、2回クリックします。

📝 用紙と画面表示の設定　重要度 ★★★

Q060 クロスラインカーソルを使用したい！

A ＜基本設定＞→＜一般(1)＞タブで設定します。

CADソフトによっては入力位置を指示するカーソルにクロスラインカーソルが採用されています。Jw_cadでは、マウスポインターではなくクロスラインカーソルで表示することもできます。この設定は「基本設定」画面で行います。　参照 ▶ Q 040

1 ＜基本設定＞で＜一般(1)＞タブをクリックし、

2 ＜クロスラインカーソルを使う＞をクリックしてチェックを入れます。

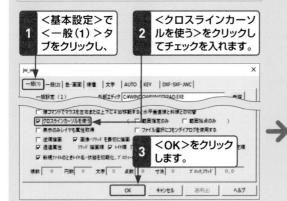

3 ＜OK＞をクリックします。

4 ＜クロスラインカーソル＞が表示されます。

Q 061 画面にグリッドを表示したい！

A 「軸角・目盛・オフセット」画面で指定します。

日本の在来工法のように、一定のモジュールで構成されている場合には、所定のグリッド（方眼）を表示して、これを基準にすると効率的に作業を進めることができます。設定は、「軸角・目盛・オフセット」画面から行います。ここでは、縮尺1/100に設定された用紙に、910mm間隔でグリッドを表示し、さらに1/2間隔の点も表示する方法を説明します。

サンプル▶061.jww

1 ＜∠0＞をクリックします。

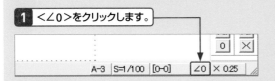

2 ＜実寸＞をクリックしてチェックを入れ、

3 ＜目盛間隔＞に「910,910」を入力し、

軸角・目盛・オフセット　設定
軸　角
□ 軸角設定　　　▼
Ok
目　盛
目盛間隔【実寸mm】　910 , 910 ◀
基準点設定　　　☑ 実寸 ◀
表示最小間隔（5〜100ドット）　10
□ OFF　　　□ 読取【無】
□ 1/1　☑ 1/2　□ 1/3　□ 1/4　□ 1/5
オフセット
□ オフセット1回指定　□ オフセット常駐

4 ＜1/2＞をクリックしてチェックを入れます。

「軸角・目盛・オフセット」画面が閉じます。

5 グリッドが表示されました。

ファイル(F) 編集(E) 表示(V) 作図(D) 設定(S) [その他](A) ヘルプ(H)
□ 矩形 □ 水平・垂直 傾き□　　▼ 寸法□　　▼ □ 15度毎 ●▼
点　／
接線　□
接円　○
ハッチ 文字
建平 寸法

グリッド表示のポイント

＜目盛間隔＞はX・Yともに910mmなので「910」と1数を入力するだけでも可能です。　参照▶Q 055
＜実寸＞にチェックを入れない場合は、＜図寸＞での指定となります。ここでは910mm×1/100＝9.1となります。　参照▶Q 037
910mm間隔では、グリッドは＜線色2＞で表示されます。中間点のグリッドは＜線色1＞で表示されます。表示されたグリッドには右クリックでスナップすることができます。　参照▶Q 077
画面解像度や表示倍率により、グリッドが表示されない場合があります。その際はQ.063を参照してください。

● グリッドを特定の点に合わせて表示する

表示されるグリッドを特定の点に一致させて表示することも可能です。ここでは、用紙の左下角とグリッドを一致させてみましょう。　参照▶Q 040,058

1 左の手順**5**に続いて、「軸角・目盛・オフセット」画面を表示します。

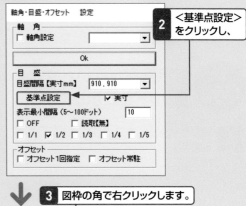

軸角・目盛・オフセット　設定
軸　角
□ 軸角設定　　　▼
Ok
目　盛
目盛間隔【実寸mm】　910 , 910 ▼
基準点設定 ◀　　☑ 実寸
表示最小間隔（5〜100ドット）　10
□ OFF　　　□ 読取【無】
□ 1/1　☑ 1/2　□ 1/3　□ 1/4　□ 1/5
オフセット
□ オフセット1回指定　□ オフセット常駐

2 ＜基準点設定＞をクリックし、

3 図枠の角で右クリックします。

4 図枠の角が基準点になりました。

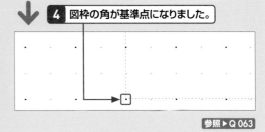

参照▶Q 063

Jw_cadの概要

基本操作と作図の準備

線と点の作図

図形の作図

図形の作図・削除

図形と線の編集

レイヤと属性

文字と寸法の入力

画像の配置と印刷

Jw_cadの便利な機能

Jw_cadの概要

基本操作と作図の準備

線と点の作図

図形の作図

図形の選択と削除

図形と線の編集

レイヤと属性

文字と寸法の入力

画像の配置と印刷

Jw_cadの便利な機能

📝 用紙と画面表示の設定　　　重要度 ★ ★ ★

Q 062 グリッドの表示をやめたい!

A 「軸角・目盛・オフセット」画面で指定します。

グリッド表示の解除は、「軸角・目盛・オフセット」画面で行います。

1 Q.061の手順**1**を参考に、「軸角・目盛・オフセット」画面を表示します。

軸角・目盛・オフセット　設定

軸　角

Ok

目　盛
目盛間隔【実寸mm】
基準点設定
表示最小間隔〈5〜100ドット〉 15
□ OFF　　　　□ 読取【無】
□ 1/1　☑ 1/2　□ 1/3　□ 1/4　□ 1/5

2 <OFF>をクリックしてチェックを入れます。

📝 用紙と画面表示の設定　　　重要度 ★ ★ ★

Q 063 表示倍率が低いときでもグリッドを表示したい!

A 「軸角・目盛・オフセット」画面で指定します。

表示倍率が低いとき、グリッドが表示されないことがありますが、「軸角・目盛・オフセット」画面での設定で、この問題を解決できることがあります。

参照 ▶ Q 061

1 ここに、最小値の「5」を入力し、

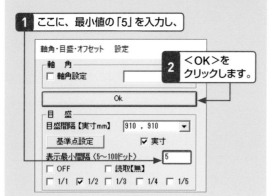

軸角・目盛・オフセット　設定

軸　角
□ 軸角設定

Ok

目　盛
目盛間隔【実寸mm】 910 , 910 ▼
基準点設定　　　☑ 実寸
表示最小間隔〈5〜100ドット〉 5
□ OFF　　　　□ 読取【無】
□ 1/1　☑ 1/2　□ 1/3　□ 1/4　□ 1/5

2 <OK>をクリックします。

📝 レイヤ／尺度の操作　　　重要度 ★ ★ ★

Q 064 作図レイヤを指定したい!

A 画面右側下の<レイヤバー>で右クリックします。

書込み状態のレイヤ番号は、凹んだ状態で表示されます。作図レイヤを別のレイヤに変更する場合は、変更するレイヤ番号の上で右クリックします。

サンプル ▶ 064.jww

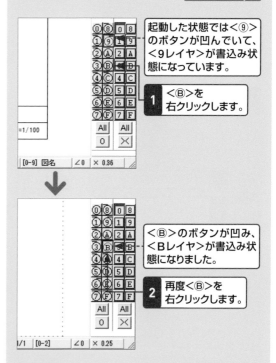

起動した状態では<⑨>のボタンが凹んでいて、<9レイヤ>が書込み状態になっています。

1 <Ⓑ>を右クリックします。

<Ⓑ>のボタンが凹み、<Bレイヤ>が書込み状態になりました。

2 再度<Ⓑ>を右クリックします。

<レイヤ一覧>が表示されます。各レイヤの記入状況が確認できます。

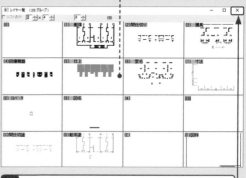

3 <×>をクリックして<レイヤ一覧>を閉じます。

Q 065 尺度を設定したい！

A 画面右側下の<縮尺>を
クリックします。

設定は、まず画面右側下にある<縮尺>をクリックして、「縮尺・読取設定」画面を表示して行います。

● 書込み状態の<レイヤグループ>だけに尺度を設定する

ここでは、書込み状態にある<0>レイヤグループを縮尺1/100に設定しましょう。 サンプル▶065.jww

<0>レイヤグループが書込み状態になっています。

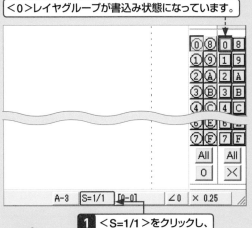

1 <S=1/1>をクリックし、

2 <縮尺>に「100」を入力して、

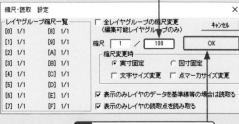

3 <OK>をクリックします。

4 <S=1/100>をクリックします。

● すべての<レイヤグループ>に尺度を設定する

続いて、すべてのレイヤグループに倍尺2/1を設定しましょう。

1 <S=1/100>をクリックし、

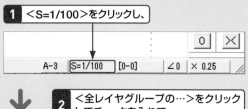

2 <全レイヤグループの…>をクリックしてチェックを入れて、

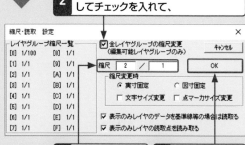

3 <縮尺>に、それぞれ「2」「1」を入力したら、

4 <OK>をクリックします。

5 <S=2/1>をクリックします。

すべてのレイヤグループが<2/1>に設定されています。

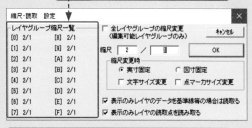

<縮尺>にそれぞれ「200」「100」と入力しても、「2」「1」に計算・変換されます。

5 <0>レイヤグループだけが<1/100>に設定されています。

Jw_cadの概要

基本操作と作図の準備

線と点の作図

図形の作図

図形の選択と削除

図形と線の編集

レイヤと属性

文字と寸法の入力

画像の配置と印刷

Jw_cadの便利な機能

Jw_cadの概要

基本操作と作図の準備

線と点の作図

図形の作図

図形の選択と削除

図形と線の編集

レイヤと属性

文字と寸法の入力

画像の配置と印刷

Jw_cadの便利な機能

Q 066 作図の途中で尺度を変更したい！

A 作図途中でも変更は可能です。

作図途中でも、Q.065と同様の操作で尺度の変更が可能です。このとき、変更した尺度に応じて作図した図形の大きさも変更されますが、尺度を変更しても図形の大きさを固定したままにもできます。

サンプル ▶ 066.jww

● 作図途中で縮尺を変更する

縮尺1/10の図面を、縮尺1/20に変更します。

1 ＜S=1/10＞をクリックし、 → S=1/10

2 ＜縮尺＞に「20」を入力して、

3 ＜OK＞をクリックします。

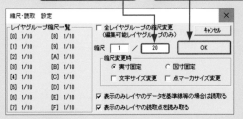

4 全体が半分の大きさに変更されました。数値、文字サイズがそのままなので、図面に対して大きく表示されています。

● 縮尺に応じて文字サイズも変更する

1 ＜文字サイズ変更＞にチェックを入れ、

2 ＜縮尺＞に「20」を入力し、

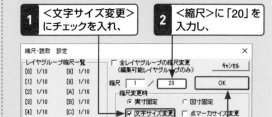

3 ＜OK＞をクリックします。

4 図全体が半分の大きさに変更されとともに、数値、文字サイズも半分の大きさになりました。

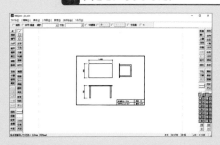

● 図や文字の大きさを変えずに縮尺を変更する

1 ＜図寸固定＞にチェックを入れ、

2 ＜縮尺＞に「20」を入力し、

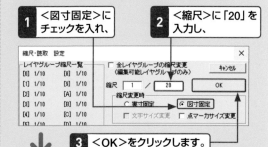

3 ＜OK＞をクリックします。

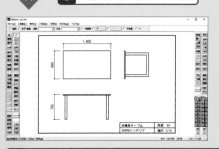

4 縮尺は変更されましたが、図の大きさは変わりません。表示されている図寸はそのままでも、実寸は変わっています。この例では、実寸は2倍になります。

参照 ▶ Q 037

Q 067 1枚の用紙に複数の尺度を設定したい！

A <レイヤグループ>ごとに尺度を設定します。

Jw_cadでは、<レイヤグループ>ごとに異なる尺度の設定が可能です。たとえば、<0レイヤグループ>に縮尺1/1、<他のレイヤグループ>には尺度1/100といった設定が可能です。　サンプル▶067.jww

1 <S=1/1>をクリックし、

A-3　S=1/1　[0-0]　∠0　× 0.25

2 <全レイヤグループの…>をクリックしてチェックを入れ、

縮尺・読取　設定　　　　　　　　　　　　　×
レイヤグループ縮尺一覧　☑ 全レイヤグループの縮尺変更　　キャンセル
[0] 1/1　[8] 1/1　　　（編集可能レイヤグループのみ）
[1] 1/1　[9] 1/1　　　縮尺　1 ／ 100　　OK
[2] 1/1　[A] 1/1　　　縮尺変更時
[3] 1/1　[B] 1/1　　　◉ 実寸固定　　○ 図寸固定
[4] 1/1　[C] 1/1　　　□ 文字サイズ変更　□ 点マーカサイズ変更
[5] 1/1　[D] 1/1

3 <縮尺>に「100」を入力して、　4 <OK>をクリックします。

5 <0レイヤグループ>が凹んでいるのを確認し、

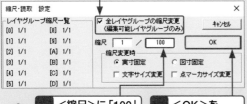

A-3　S=1/100　[0-0]　∠0　× 0.25

6 <S=1/100>をクリックして、

7 全レイヤグループの縮尺が1/100であることを確認して、

縮尺・読取　設定　　　　　　　　　　　　　×
レイヤグループ縮尺一覧　□ 全レイヤグループの縮尺変更　　キャンセル
[0] 1/100　[8] 1/100　　（編集可能レイヤグループのみ）
[1] 1/100　[9] 1/100　　縮尺　1 ／ 1　　OK
[2] 1/100　[A] 1/100　　縮尺変更時
[3] 1/100　[B] 1/100　　◉ 実寸固定　　○ 図寸固定
[4] 1/100　[C] 1/100　　□ 文字サイズ変更　□ 点マーカサイズ変更
[5] 1/100　[D] 1/100

8 <縮尺>に、「1」を入力したら、　9 <OK>をクリックします。

Q 068 作図する線色や線種を指定したい！

A <線属性>コマンドを実行して画面から指定します。

作図する線色や線種の指定は、<線属性>コマンドを利用します。ここでは、<線色6>を<一点鎖線1>に指定しましょう。　サンプル▶068.jww

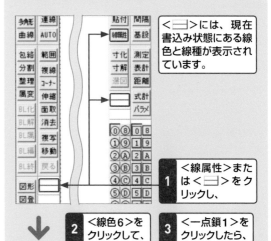

<=>には、現在書込み状態にある線色と線種が表示されています。

1 <線属性>または<=>をクリックし、

2 <線色6>をクリックして、　3 <一点鎖1>をクリックしたら、

線属性
□ SXF対応拡張線色・線種
　　　線色 1　　　実　線
　　　線色 2　　　点　線 1
　　　線色 3　　　点　線 2
　　　線色 4　　　点　線 3
　　　線色 5　　　一点鎖 1
　　　線色 6　　　一点鎖 2
　　　線色 7　　　二点鎖 1
　　　線色 8　　　二点鎖 2
　　　補助線色　　　補助線種

Ok

①〜⑤キー：ランダム線　⑥〜⑨キー：倍長線種

これは、デフォルトの設定です。

4 <Ok>をクリックします。

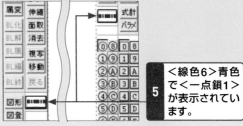

5 <線色6>青色で<一点鎖1>が表示されています。

Q 069 画面の背景色を変更したい!

A 自由な色に変更することができます。

Jw_cadの作図画面は、初期設定では白色に設定されていますが、ほかの色に変更することが可能です。ここでは、背景色を黒にする場合について説明します。

背景色を黒に設定した例

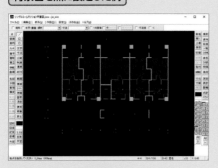

● **背景色を黒に設定する**

1 「基本設定」画面を開きます(Q.040参照)。

2 <色・画面>タブをクリックし、

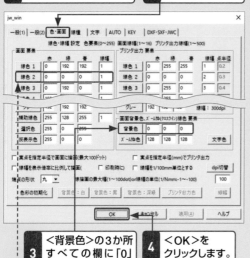

3 <背景色>の3か所すべての欄に「0」を入力して、

4 <OK>をクリックします。

この例では<線色2>の線色設定は<背景色>と同じ黒になっています。このままでは、線を書いても背景と同化して見えません。ほかの色に設定する必要があります。

● **背景色に合わせて線色を自動設定する**

以下の設定を行うと、背景色が黒に最適化された線色設定に自動変更されます。このため、オリジナルで線色を設定していた場合には、再設定が必要になります。以下の方法では、背景色を「黒」「白」「深緑」に設定できます。　　参照 ▶ Q 070

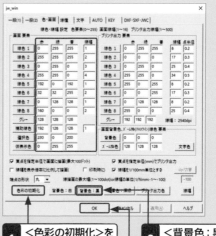

1 <色彩の初期化>をクリックし、

2 <背景色:黒>をクリックして、

3 <OK>をクリックします。

コンピュータのモニターでは、赤(Red)、緑(Green)、青(Blue)の3原色を、0〜255までの256段階の濃さで混ぜて色を表現します。3原色すべてが最小の0の場合は「黒」、最大の255の場合は「白」になります。代表的な色と、3原色の混合の割合は以下のようになっています。

モニターに表示される色名と3原色の強さ

色名	赤(Red)	緑(Green)	青(Blue)
黒	0	0	0
白	255	255	255
薄いグレー	224	224	224
グレー	128	128	128
濃いグレー	64	64	64
赤	255	0	0
紫	160	32	255
水色	80	208	255
青	0	32	255
黄緑	96	255	128
緑	0	192	0
黄色	255	224	32
オレンジ	255	160	16
茶色	160	128	96

左端縦タブ:
Jw_cadの概要 / 基本操作と作図の準備 / 線と点の作図 / 図形の作図 / 図形の選択と削除 / 図形と線の編集 / レイヤと属性 / 文字と寸法の入力 / 画像の配置と印刷 / Jw_cadの便利な機能

Q 070 画面表示される線色や線の太さを設定したい！

A 自由な色に変更することができます。

画面表示される線色は、＜線属性＞コマンドを実行して選択します。また、線の太さは、線色に設定されています。ここでは、＜線属性＞コマンドを実行したときに表示される線色と、各線色に太さを設定する方法について理解しましょう。「基本設定」画面を開いて設定します。

参照 ▶ Q 040

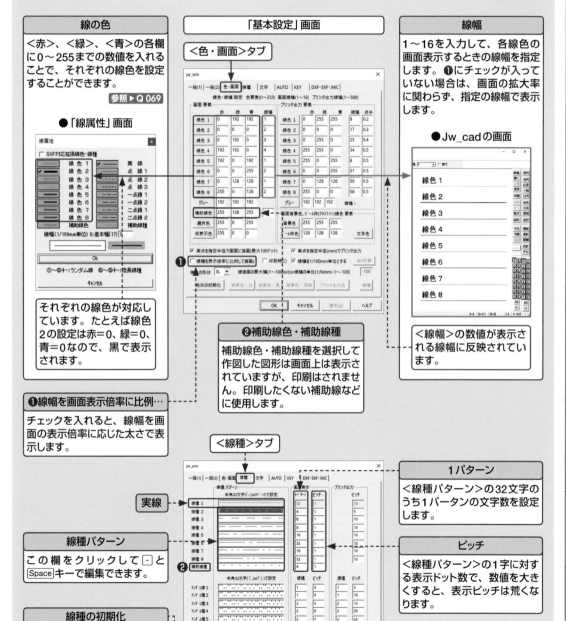

線の色

＜赤＞、＜緑＞、＜青＞の各欄に0～255までの数値を入れることで、それぞれの線色を設定することができます。

参照 ▶ Q 069

●「線属性」画面

それぞれの線色が対応しています。たとえば線色2の設定は赤＝0、緑＝0、青＝0なので、黒で表示されます。

「基本設定」画面

＜色・画面＞タブ

線幅

1～16を入力して、各線色の画面表示するときの線幅を指定します。❶にチェックが入っていない場合は、画面の拡大率に関わらず、指定の線幅で表示します。

●Jw_cadの画面

＜線幅＞の数値が表示される線幅に反映されています。

❶線幅を画面表示倍率に比例…

チェックを入れると、線幅を画面の表示倍率に応じた太さで表示します。

❷補助線色・補助線種

補助線色・補助線種を選択して作図した図形は画面上は表示されていますが、印刷はされません。印刷したくない補助線などに使用します。

＜線種＞タブ

実線

1パターン

＜線種パターン＞の32文字のうち1パターンの文字数を設定します。

線種パターン

この欄をクリックして ⌐ と Space キーで編集できます。

ピッチ

＜線種パターン＞の1字に対する表示ドット数で、数値を大きくすると、表示ピッチは荒くなります。

線種の初期化

この画面の設定を初期状態に戻します。

Jw_cadの概要

基本操作と作図の準備

線と点の作図

図形の作図

図形の選択と削除

図形と線の編集

レイヤと属性

文字と寸法の入力

画像の配置と印刷

Jw_cadの便利な機能

Q 071 各種設定を保存・読み込みしたい！

A 設定を「環境設定ファイル」として保存・読込みをすることができます。

Jw_cadでは「基本設定」画面で各種の設定を行い、自分が使いやすいようにカスタマイズすることができます。しかし、パソコンが変わったりすると、せっかくの設定したものを一から仕直す必要があります。このような場合には、「環境設定ファイル」として設定を保存・読み込みすることで、簡単にオリジナルの設定を使うことができます。

● 環境設定ファイルを保存する

1 ＜設定＞→＜環境設定ファイル＞→＜書出し＞とクリックし、

2 ＜ローカルディスク (C:)＞をクリックし、

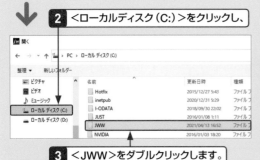

3 ＜JWW＞をダブルクリックします。

4 ファイル名を入力して、

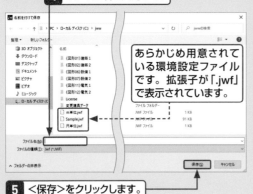

あらかじめ用意されている環境設定ファイルです。拡張子が「.jwf」で表示されています。

5 ＜保存＞をクリックします。

● 本書で使用している環境設定ファイルを読み込む

1 ＜設定＞→＜環境設定ファイル＞→＜読込み＞とクリックし、

2 ＜ドキュメント＞をクリックして、

3 ＜練習用ファイル＞をダブルクリックします。

4 ＜完全ガイド.JWF＞をダブルクリックします。

＜オリジナル.JWF＞はJw_cadの初期設定による環境設定ファイルです。

5 ＜完全ガイド.JWF＞による線色の設定です。

Jw_cadインストール時の設定に戻すには、＜オリジナル.JWF＞を読み込んでください。

③

線と点の作図

Q 072 自由に線を作図したい！

A 左クリックで始点・終点を指示します。

直線を作図する場合は、左ツールバー上段の＜／＞をクリックして線コマンドを実行します。
Jw_cadを起動した時点で、すでに線コマンドが実行されているので、＜／＞をクリックすると、＜水平・垂直＞にチェックが表示されます。ここでは、再度＜／＞をクリックして＜水平・垂直＞のチェックを外した状態にしてください。

サンプル ▶ 072.jww

1 ＜／＞をクリックして線コマンドを実行し、

2 ＜水平・垂直＞にチェックが入っていたら、ここをクリックしてチェックを外します。

3 任意点（始点）をクリックし、

4 カーソルを右斜め下に移動すると、赤い仮線が表示されます。

作図範囲

5 任意点（終点）をクリックすると、

作図範囲

6 書込み線色で確定されます。

7 さらに、始点となる任意点をクリックし、

8 カーソルを右斜め上に移動して、終点となる任意点をクリックします。

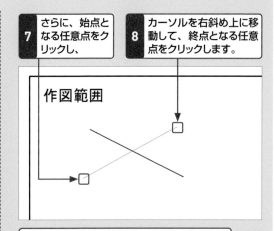

作図範囲

始点と終点の指示する順番は関係ありません。

9 ＜水平・垂直＞をクリックしてチェックを入れ、

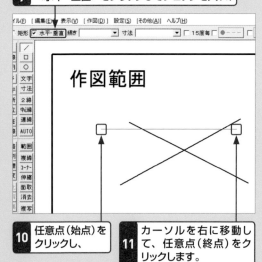

作図範囲

10 任意点（始点）をクリックし、

11 カーソルを右に移動して、任意点（終点）をクリックします。

＜水平・垂直＞にチェックを入れると、赤い仮線の動きは水平・垂直方向に限定されます。

同様にして垂直線も作図してみましょう。

＜水平・垂直＞のオン／オフの切り替え

次のようにしても、＜水平・垂直＞のチェックボックスのオン／オフを切り替えることができます。
　①キーボードの Space キーを押す。
　②ツールバーの＜／＞をクリックする。

左側インデックス:
Jw_cadの概要／基本操作と作図の準備／線と点の作図／図形の作図／図形の選択と削除／図形と線の編集／レイヤと属性／文字と寸法の入力／画像の配置と印刷／Jw_cadの便利な機能

Q 073 長さと角度を指定して線を作図したい!

A <寸法>や<傾き>に数値を入力します。

線長さや角度を指定して図面を仕上げることは、作図するうえでとても重要なことです。コントロールバーの<寸法>や<角度>に数値を入力して指定します。

サンプル▶ 073.jww

● 長さ 100mm の線を作図する

1 </／>をクリックして線コマンドを実行し、

2 <水平・垂直>のチェックが入っていたら、ここをクリックしてチェックを外します。

ファイル(F) [編集(E)] 表示(V) [作図(D)] 設定(S) [その他(A)]

□ 矩形 □ 水平・垂直 傾き [▼] 寸法 [

点　／
接線　□
接円　○

作図範囲

3 <寸法>に「100」を入力し、

4 任意点(始点)をクリックすると、

□ 矩形 □ 水平・垂直 傾き [▼] 寸法 100 [▼] □ 15

点　／
接線　□
接円　○
ハッチ　文字
建平　寸法
建断　2線
建立　中心線
多角形　連線
曲線　AUTO

作図範囲

5 長さ100mmの赤い仮線が表示されるので、

6 任意点(終点)をクリックします。

Jw_cad の角度の表し方

Y軸(+)

X軸(+) 方向を0°として
反時計まわり…＋角度
時計まわり…—角度
で表します。

＋角度
—角度
X軸(+)

● 任意の長さで、角度 30°の線を作図する

1 <寸法>の ▼ をクリックして、

2 <無指定>をクリックします。

(V) [作図(D)] 設定(S) [その他(A)] ヘルプ(H)

き [▼] 寸法 100 [▼] □ 15度毎 □ ● - - -
(無指定)
100
50
200

3 <傾き>に「30」を入力し、

4 任意点(始点)をクリックします。

ファイル(F) [編集(E)] 表示(V) 作図(D) 設定(S) [その他(A)] ヘ

□ 矩形 □ 水平・垂直 傾き 30 [▼] 寸法 [

点　／
接線　□
接円　○
ハッチ　文字
建平　寸法
建断　2線
建立　中心線
連線

5 傾き30°の赤い仮線が表示されるので、

6 任意点(終点)をクリックします。

● 長さ 50mm、角度 -20°の線を作図する

1 <傾き>に「-20」を入力し、

(F) [編集(E)] 表示(V) [作図(D)] 設定(S) [その他(A)] ヘルプ(H)

□ 矩形 □ 水平・垂直 傾き -20 [▼] 寸法 50 [▼] □

／
□

2 <寸法>に「50」を入力して、

3 任意点(始点)をクリックします。

□ 矩形 □ 水平・垂直 傾き -20 [▼] 寸法 50 [▼] □

／
□
○
文字
寸法
2線
中心線

4 傾き-20°、長さ50mmの赤い仮線が表示されるので、

5 任意点(終点)をクリックします。

Jw_cadの概要

基本操作と作図の準備

線と点の作図

図形の作図

図形の選択と削除

図形と線の編集

レイヤと属性

文字と寸法の入力

画像の配置と印刷

Jw_cadの便利な機能

Jw_cadの概要

基本操作と作図の準備

線と点の作図

図形の作図

図形の選択と削除

図形と線の編集

レイヤと属性

文字と寸法の入力

画像の配置と印刷

Jw_cadの便利な機能

📝 線作図の基本　　　重要度 ★ ★ ★

Q 074 寸勾配で線角度を指定したい!

A <傾き>に<///>を付けて勾配を入力します。

在来工法による建築では、屋根勾配などを表すのに、寸勾配と呼ばれる方法を使用します。
たとえば、水平方向に10の長さをとると垂直方向に4上がる(下がる)線を「4寸勾配」と呼びます。

寸勾配の考え方

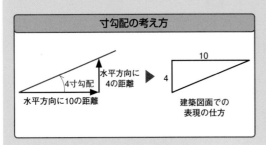

水平方向に10の距離
4寸勾配
水平方向に4の距離
10
4
建築図面での表現の仕方

● 4 寸勾配の線を作図する　　サンプル ▶ 074.jww

1 <傾き>に「//(4/10)」と入力し、

ファイル(F)　[編集(E)]　表示(V)　[作図(D)]　設定(S)　[その他(A)]　ヘ
☐ 矩形　☐ 水平・垂直　傾き [//(4/10) ▼] 寸法
点 ／

4/10＝0.4なので「//(4/10)」の代わりに「//0.4」と入力しても同じです。

2 任意点(始点)をクリックし、　**3** 任意点(終点)をクリックします。

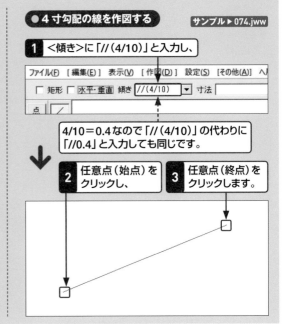

📝 線作図の基本　　　重要度 ★ ★ ★

Q 075 度分秒単位(60進数)で角度を指定したい!

A @を区切り記号として入力します。

測量などで角度を表す場合、単位は60進数の度分秒で指示します。通常、Jw_cadの入力単位は10進数なので、60進数で入力する場合は@で区切り、「度@@分@秒」の形式で入力します。

60進数の考え方

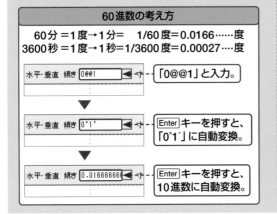

60分 ＝1度→1分＝　1/60度＝0.0166……度
3600秒＝1度→1秒＝1/3600度＝0.00027…度

水平・垂直　傾き [0@@1] ◀ ─「0@@1」と入力。

水平・垂直　傾き [0°1'] ◀ ─ [Enter]キーを押すと、「0°1'」に自動変換。

水平・垂直　傾き [0.016666666] ◀ ─ [Enter]キーを押すと、10進数に自動変換。

● 傾きが<30度20分10秒>の線を作図する

たとえば、30度20分10秒(30°20′10″)の場合には、<傾き>に「30@@20@10」と入力します。

サンプル ▶ 075.jww

1 <傾き>に「30@@20@10」と入力し([Enter]キーを押す必要はありません)、

ファイル(F)　[編集(E)]　表示(V)　[作図(D)]　設定(S)　[その他(A)]　ヘ
☐ 矩形　☐ 水平・垂直　傾き [30@@20@10 ▼] 寸法
点

2 任意点(始点)でクリックして、

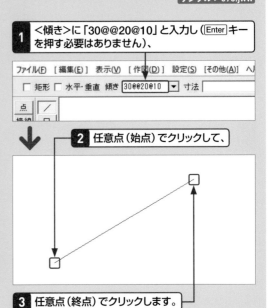

3 任意点(終点)でクリックします。

Q076 スナップとは？

A 特定の点を指示するCADの大切な機能です。

スナップとは、端点や交点、中心点といった、図形の特定の点を指示する機能です。CADで図面を正確に仕上げるためには不可欠なものです。
Jw_cadでは、マウス操作だけでスナップする点を指示できる機能があり、快適な作図が可能です。

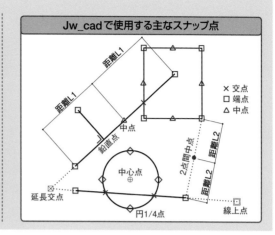

Jw_cadで使用する主なスナップ点

× 交点
□ 端点
△ 中点

距離L1　距離L1　中点　鉛直点　2点間中点　距離L2　距離L2
中心点　延長交点　円1/4点　線上点　距離L2　距離L2

Q077 線の端点や交点にスナップしたい！

A 直線の端点や交点の近くで右クリックします。

Jw_cadでは、端点や交点へのスナップを右クリックで指示します。最初は違和感がありますが、慣れるととても便利です。　**サンプル▶ 077.jww**

● 端・交点スナップで線を作図する

1 ＜／＞をクリックして線コマンドを実行し、

2 ＜水平・垂直＞にチェックが入っていたら、ここをクリックしてチェックを外します。

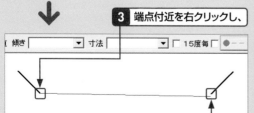

□ 矩形 □ 水平・垂直 傾き［　　　▼］ 寸法［
点　／
接線　□

↓

傾き［　　　▼］ 寸法［　　　▼］□ 15度毎□ ●－－

3 端点付近を右クリックし、

4 端点付近を右クリックします。

5 交点付近を右クリックし、

6 交点付近を右クリックします。

同様に、右クリックで端・交点にスナップして斜めの線も作図しましょう。

点から離れて右クリックすると…

「点がありません」と表示されて、スナップできないことがあります。カーソルをもう少し、端・交点に近づけて右クリックしましょう。

点がありません

Jw_cadの概要
基本操作と作図の準備
線と点の作図
図形の作図
図形の選択と削除
図形と線の編集
レイヤと属性
文字と寸法の入力
画像の配置と印刷
Jw_cadの便利な機能

左側の縦タブ：
Jw_cadの概要
基本操作と作図の準備
線と点の作図
図形の作図
図形の選択と削除
図形と線の編集
レイヤと属性
文字と寸法の入力
画像の配置と印刷
Jw_cadの便利な機能

Q078 線の中点にスナップしたい!

A 中点スナップする線上で<右AM-3時>で指示します。

Jw_cadでは、中点スナップにはクロックメニューを使用します。目的の直線の上で、<右AM-3時>(右ドラッグで3時方向へ動かす)で、直線の中点にスナップします。クロックメニューを使用しない設定にしていても、このコマンドは使用できます。

サンプル ▶ 078.jww

1 中点スナップする線上にカーソルを置き、

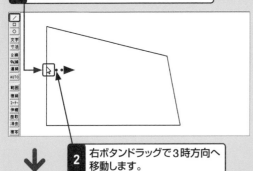

2 右ボタンドラッグで3時方向へ移動します。

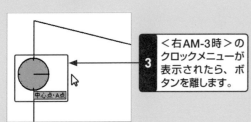

3 <右AM-3時>のクロックメニューが表示されたら、ボタンを離します。

4 すると、線の中点にスナップします。

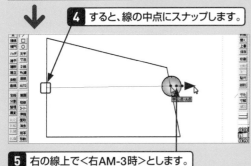

5 右の線上で<右AM-3時>とします。

同様に、上下の直線の中心点をつなぎましょう。<中心点・A点>スナップは、直線上ならどこでも指示できます。

Q079 2点間の中点にスナップしたい!

A 1点目の点上で<右AM-3時>で指示し残りの点を右クリックします。

ここでいう2点とは、ただの点だけではなく、端点や交点なども含みます。使用頻度の高い、とても便利なスナップ機能です。

サンプル ▶ 079.jww

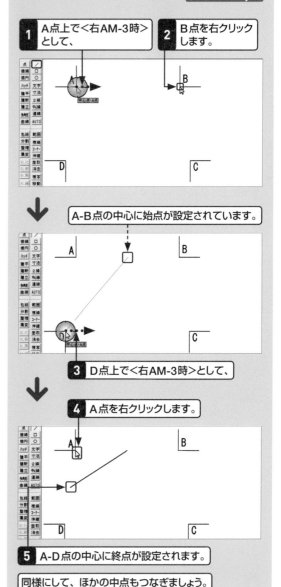

1 A点上で<右AM-3時>として、

2 B点を右クリックします。

A-B点の中心に始点が設定されています。

3 D点上で<右AM-3時>として、

4 A点を右クリックします。

5 A-D点の中心に終点が設定されます。

同様にして、ほかの中点もつなぎましょう。

Q 080 既存線の上に スナップしたい!

A 既存線を＜右AM-9時＞で指示し作図位置をクリックします。

既存線の上にスナップする場合は、線上点スナップを使用します。これは、延長線上を含む直線上の任意点にスナップします。　**サンプル ▶ 080.jww**

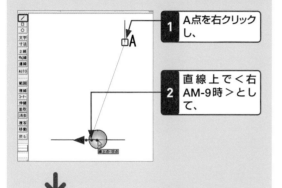

1 A点を右クリックし、

2 直線上で＜右AM-9時＞として、

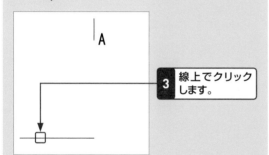

3 線上でクリックします。

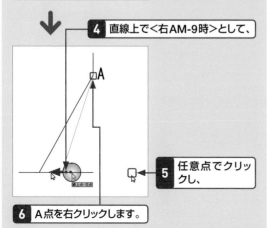

4 直線上で＜右AM-9時＞として、

5 任意点でクリックし、

6 A点を右クリックします。

線の始点・終点の順番は関係ありません。

Q 081 延長線上の交点に スナップしたい!

A 延長交点を求める一方の直線上で＜右AM-9時＞として＜線上点＞スナップを実行します。

線を延長したときにほかの直線またはほかの直線の延長線と交差する点を延長交点といいます。この延長交点にスナップします。　**サンプル ▶ 081.jww**

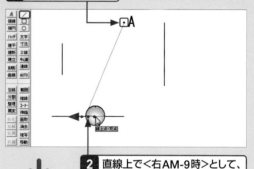

1 A点を右クリックし、

2 直線上で＜右AM-9時＞として、

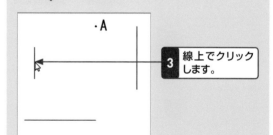

3 線上でクリックします。

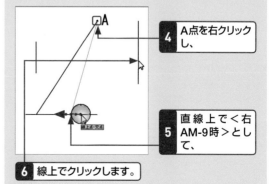

4 A点を右クリックし、

5 直線上で＜右AM-9時＞として、

6 線上でクリックします。

線の始点・終点の順番は関係ありません。

Jw_cadの概要

基本操作と作図の準備

線と点の作図

図形の作図

図形の選択と削除

図形と線の編集

レイヤと属性

文字と寸法の入力

画像の配置と印刷

Jw_cadの便利な機能

Q 082 ほかの線に垂直線を作図したい！

A 鉛直線を下す線を
<右AM-0時>で指示します。

ほかの線に垂直線を作図したい場合は、鉛直点スナップを使用します。指示した直線に鉛直線を作図します。

サンプル ▶ 082.jww

1 A点を右クリックし、

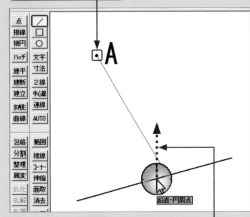

2 直線上で<右AM-0時>として、

3 ボタンから指を離します。

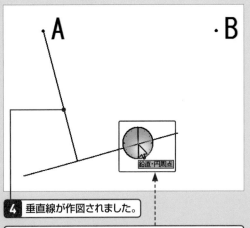

4 垂直線が作図されました。

同様にB点からの垂直線も作図しますが、上記手順**2**を行ってから、手順**1**を行うといった逆の順番でも可能です。

Q 083 円や円弧の上下左右にスナップしたい！

A </／>コマンドの<水平・垂直>で
<右AM-0時>で指示します。

円や円弧に垂直線を作図したい場合は、円1/4点スナップを使用します。円弧や円上の0°、90°、180°、270°の位置にスナップします。

サンプル ▶ 083.jww

1 <水平・垂直>をクリックしてチェックを入れ、

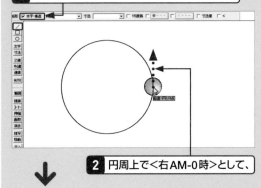

2 円周上で<右AM-0時>として、

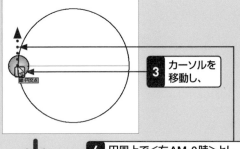

3 カーソルを移動し、

4 円周上で<右AM-0時>とし、

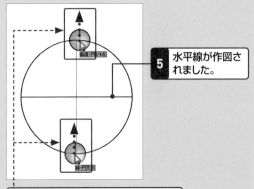

5 水平線が作図されました。

同様の手順で垂直線も作図できます。

Q 084 既存線と同じ長さの線を作図したい!

A <線長取得>コマンドを実行します。

既存線と同じ長さの線を作図したい場合は、<線長取得>コマンドを実行して、既存線の長さを取得して、<寸法>に入力します。 サンプル▶ 084.jww

1 <線長>をクリックし、

2 直線上をクリックすると、

3 <寸法>に線長が取得されます。

4 <水平・垂直>をクリックしてチェックを入れ、

5 端点を右クリックし、

6 上方をクリックします。

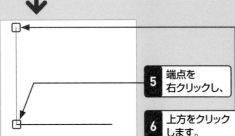

線長の取得

線上で<右PM-11時>と指示しても、線長を取得することができます。

Q 085 既存線と同じ角度の線を作図したい!

A <線角取得>コマンドを実行します。

既存線と同じ角度の線を作図したい場合は、<線角取得>コマンドを実行して、既存線の角度を取得して、<傾き>に入力します。 サンプル▶ 085.jww

1 <線角>をクリックし、

2 直線上をクリックすると、

3 <傾き>に角度が取得されます。

4 A点を右クリックし、

5 右上方をクリックします。

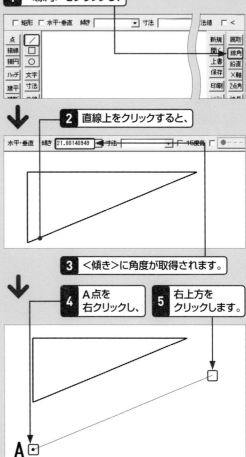

線角度の取得

線上で<右PM-4時>と指示しても、線角度を取得することができます。

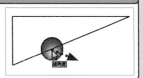

Jw_cadの概要

基本操作と作図の準備

線と点の作図

図形の作図

図形の選択と削除

図形と線の編集

レイヤと属性

文字と寸法の入力

画像の配置と印刷

Jw_cadの便利な機能

Q086 15°ごとに線を作図したい!

A <15度毎>にチェックを入れます。

<線>コマンドで<15度毎>にチェックを入れると、表示される線の角度は15度の倍数に限定されます。

サンプル ▶ 086.jww

1 <寸法>に50を入力し、

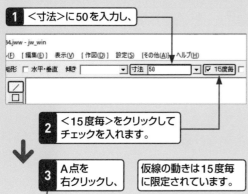

2 <15度毎>をクリックしてチェックを入れます。

3 A点を右クリックし、 / 仮線の動きは15度毎に限定されています。

4 終点をクリックして指示します。

5 A点を右クリックし、 / 仮線の動きは15度毎に限定されています。

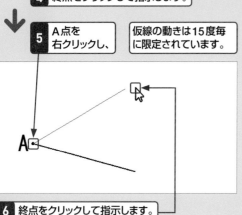

6 終点をクリックして指示します。

同様にして0度の線も書きましょう。

Q087 寸法値を付けて線を作図したい!

A <寸法値>にチェックを入れます。

寸法値を付けて線を作図する場合は、<寸法値>にチェックを入れます。

サンプル ▶ 087.jww

1 <寸法値>をクリックしてチェックを入れて、

2 A点を右クリックし、

3 終点を右クリックして指示します。

4 寸法値が付きました。

Q088 既存線の端に矢印を追加したい!

A <<>にチェックを入れます。

既存線の端に矢印を追加する場合は、<<>にチェックを入れます。

サンプル ▶ 088.jww

1 <<>をクリックしてチェックを入れて、

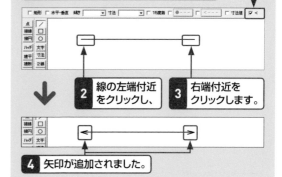

2 線の左端付近をクリックし、

3 右端付近をクリックします。

4 矢印が追加されました。

Jw_cadの概要 / 基本操作と作図の準備 / 線と点の作図 / 図形の作図 / 図形の選択と削除 / 図形と線の編集 / レイヤと属性 / 文字と寸法の入力 / 画像の配置と印刷 / Jw_cadの便利な機能

Q089 線端に黒点や矢印の付いた線を作図したい！

A ●--- や <--- にチェックを入れます。

端部に黒点や矢印を付けて線を作図する場合は、コントロールバーの各ボタンの□をクリックしてチェックを入れます。　**サンプル▶089.jww**

1 ●--- の□をクリックしてチェックを入れて、

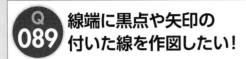

2 ●--- を2回クリックして ●--● を表示します。

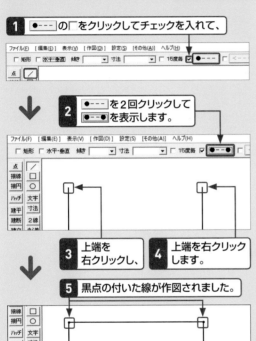

3 上端を右クリックし、

4 上端を右クリックします。

5 黒点の付いた線が作図されました。

設定のポイント

ここにチェックを入れると、<黒点>が有効になります。

ここにチェックを入れると、<矢印>が有効になります。

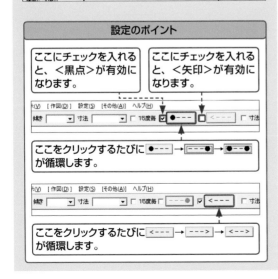

ここをクリックするたびに ●--- → ---● → ●--● が循環します。

ここをクリックするたびに <--- → ---> → <--> が循環します。

Q090 線を消去したらほかの線まで消えた！

A 基本設定での設定がポイントになります。

基本設定の設定項目をマスターしておきましょう。

参照▶Q040　サンプル▶090.jww

1 「基本設定」画面を開き、

2 <一般（1）>タブをクリックし、

3 <消去部分を…>のチェックを外して、

4 <OK>をクリックします。

5 <消去>をクリックし、

6 水平線を右クリックします。

7 この部分が切れます。

8 このあたりで両クリックして、画面表示位置を移動します。

9 再び線がつながりました。

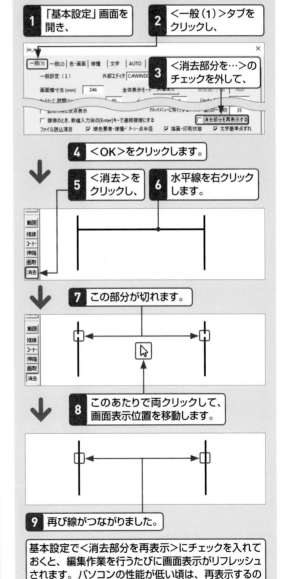

基本設定で<消去部分を再表示>にチェックを入れておくと、編集作業を行うたびに画面表示がリフレッシュされます。パソコンの性能が低い頃は、再表示するのに時間がかかりましたが、今ではほぼ問題になりません。閉じる前に手順3のチェックは入れておきましょう。

Jw_cadの概要

基本操作と作図の準備

線と点の作図

図形の作成

図形の選択と削除

図形と線の編集

レイヤと属性

文字と寸法の入力

画像の配置と印刷

Jw_cadの便利な機能

Q 091 2円に共通な接線を作図したい！

A <接線>コマンドを利用して
<円→円>を指定します。

<接線>コマンドには、接線を作図するために各種の設定が可能です。ここでは円から円への接線を作図します。

サンプル ▶ 091.jww

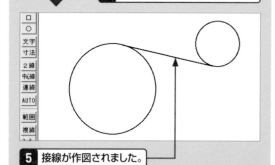

1 <接線>をクリックし、

2 <円→円>をクリックしてチェックを入れます。

3 円周上をクリックし、

4 ほかの円周上をクリックします。

5 接線が作図されました。

円周上のクリックする場所により、接線の位置が変わるので注意してください。

Q 092 点から円に接線を作図したい！

A <接線>コマンドを利用して
<点→円>を指定します。

点から円への接線の作図は、同じく<接線>コマンドを利用します。

サンプル ▶ 092.jww

1 <接線>をクリックし、

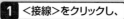

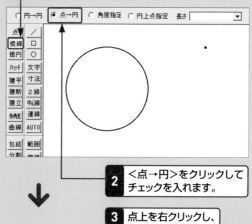

2 <点→円>をクリックしてチェックを入れます。

3 点上を右クリックし、

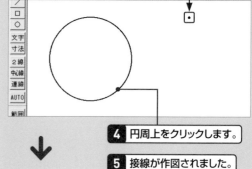

4 円周上をクリックします。

5 接線が作図されました。

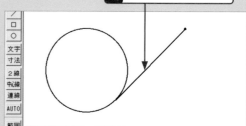

円周上のクリックする場所により、接線の位置が変わるので注意してください。

Q 093 接する2円の接点に接線を作図したい!

A <接線>コマンドを利用して<円上点指定>を指定します。

接線は、2円の接点を接線位置として指定して、作図します。

サンプル ▶ 093.jww

1 <接線>をクリックし、

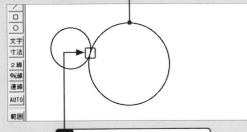

2 <円上点指示>をクリックしてチェックを入れます。

3 円周上をクリックし、

4 円の接点を右クリックします。

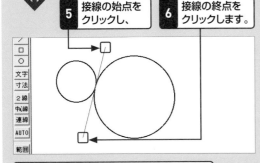

5 接線の始点をクリックし、

6 接線の終点をクリックします。

> 円の指示（手順**3**）は、大円ではなく小円を指定しても同じです。

Q 094 角度を指定して接線を作図したい!

A <接線>コマンドを利用して<角度指定>を指定します。

角度を指定した接線の作図では、接線を作図するあたりで円を指示します。

サンプル ▶ 094.jww

1 <接線>をクリックし、

2 <角度指定>をクリックしてチェックを入れます。

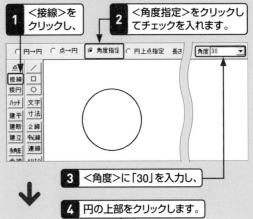

3 <角度>に「30」を入力し、

4 円の上部をクリックします。

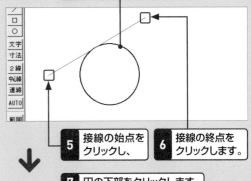

5 接線の始点をクリックし、

6 接線の終点をクリックします。

7 円の下部をクリックします。

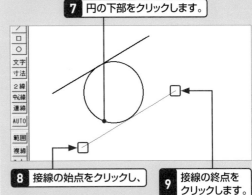

8 接線の始点をクリックし、

9 接線の終点をクリックします。

Jw_cadの概要

基本操作と作図の準備

線と点の作図

図形の作図

図形の選択と削除

図形と線の編集

レイヤと属性

文字と寸法の入力

画像の配置と印刷

Jw_cadの便利な機能

Q 095 基準線を中心にして両側に線を作図したい!

A <2線>コマンドで間隔を指示します。

基準線にそって両側に線を作図する場合は、最初の基準線はクリックで指定し、2番目以降の基準線はダブルクリックで指定します。　サンプル▶ 095.jww

1 <2線>をクリックし、

2 <2線の間隔>に「5, 5」を入力します。

3 基準線となる一点鎖線上をクリックし、

4 始点となる端点を右クリックして、

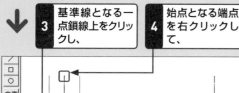

5 終点となる端点を右クリックします。

6 基準線となる一点鎖線上をダブルクリックし、

7 始点となる端点を右クリックして、

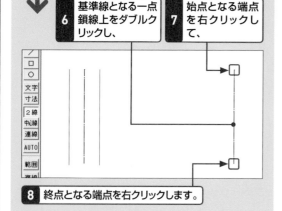

8 終点となる端点を右クリックします。

Q 096 包絡処理をして2線を作図したい!

A 包絡処理で接続する線を右ダブルクリックで指示します。

2線の始点・終点として、すでに作図している線に包絡処理で接続する場合は、右ダブルクリックで指示します。　サンプル▶ 096.jww

1 <2線>をクリックし、

2 <2線の間隔>に「5, 5」を入力して、

3 基準線をクリックします。

4 接続する線上を右ダブルクリックで指示し、

5 接続する線上を右ダブルクリックで指示します。

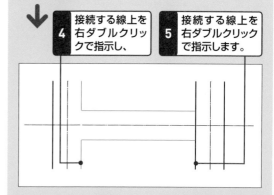

右ダブルクリックで指示する場所

包絡処理で接続する線を指示するとき、右ダブルクリックで指示する場所が異なると、結果も異なります。

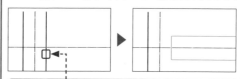

水平基準線近くを右ダブルクリックすると、上図のように結果が異なります。

Jw_cadの概要

基本操作と作図の準備

線と点の作図

図形の作図

図形の選択と削除

図形と線の編集

レイヤと属性

文字と寸法の入力

画像の配置と印刷

Jw_cadの便利な機能

Q 097 基準線の左右で間隔の違う2線を作図したい!

A <2線の間隔>に「,」区切りで2数を入力します。

基準線の左右に間隔の異なる2線を作図する場合、<2線の間隔>に「,」区切りで2数を入力します。左右の位置は作図時に変更できます。

サンプル ▶ 097.jww

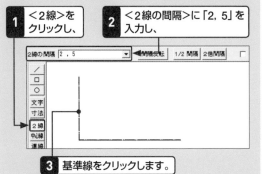

1 <2線>をクリックし、
2 <2線の間隔>に「2, 5」を入力し、
3 基準線をクリックします。

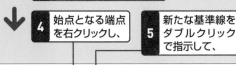

4 始点となる端点を右クリックし、
5 新たな基準線をダブルクリックで指示して、

6 終点となる端点を右クリックします。

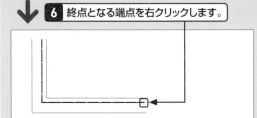

基準線からの偏心距離が反対の場合

基準線からの偏心距離が上下・左右反対の場合には、<コントロールバー>の<間隔反転>をクリックします。

ファイル(F) [編集(E)] 表示(V) [作図(D)] 設定(S) [その他(A)
2線の間隔 2 , 5 　間隔反転

Q 098 留線を付けて2線を作図したい!

A <留線>チェックを入れ<留線出>に距離を入力します。

2線の端部をふさぐ線を留線といいます。指定した端部より突出させて留線を作図することができ、建物の壁の開口部の表現などに使用します。

サンプル ▶ 098.jww

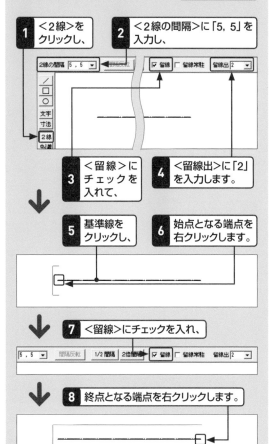

1 <2線>をクリックし、
2 <2線の間隔>に「5, 5」を入力し、
3 <留線>にチェックを入れて、
4 <留線出>に「2」を入力します。
5 基準線をクリックし、
6 始点となる端点を右クリックします。
7 <留線>にチェックを入れ、
8 終点となる端点を右クリックします。

連続して留線を書く場合

<留線常駐>にチェックを入れると、チェックを外すまで留線が作図されるので、続けて指示する場合に利用します。

[作図(D)] 設定(S) [その他(A)] ヘルプ(H)
隔反転 1/2 間隔 2倍間隔 □ 留線 ☑ 留線常駐

Jw_cadの概要

基本操作と作図の準備

線と点の作図

図形の作図

図形の選択と削除

図形と線の編集

レイヤと属性

文字と寸法の入力

画像の配置と印刷

Jw_cadの便利な機能

Q 099 2本の線分の中心線を作図したい!

A <中心線>コマンドで2本の線を指示します。

2本の線分の間に中心線を作図する場合、2本の線分は平行である必要はありません。角度がある場合でも中心線を作図することができます。

サンプル ▶ 099.jww

1 <中心線>をクリックします。

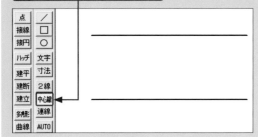

2 線上をクリックし、

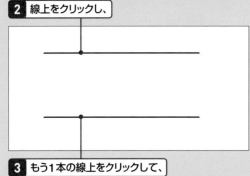

3 もう1本の線上をクリックして、

4 端点を右クリックしたら、

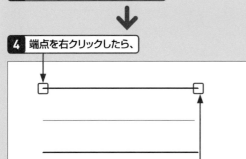

5 もう一度、端点を右クリックします。

Q 100 2点間の中心線を作図したい!

A <中心線>コマンドで2点を右クリックで指示します。

2点間の中心線は、線と線の間に中心線と引くのと同様にして、点と点、または点と線の間に引くことができます。

サンプル ▶ 100.jww

1 <中心線>をクリックし、

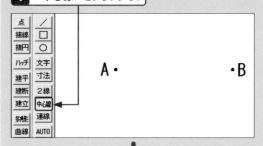

2 A点上を右クリックして、

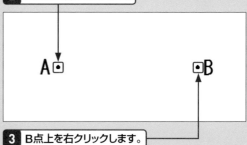

3 B点上を右クリックします。

4 任意点をクリックし、

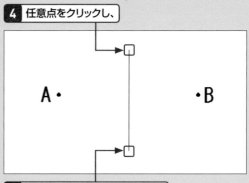

5 続けて任意点をクリックします。

Jw_cadの概要

基本操作と作図の準備

線と点の作図

図形の作図

図形の選択と削除

図形と線の編集

レイヤと属性

文字と寸法の入力

画像の配置と印刷

Jw_cadの便利な機能

Q 101 角度を二分する中心線を作図したい!

A <中心線>コマンドで2本の線を指示します。

角度を二分する中心線は、平行する線に中心線を作図する場合と同じように操作します。

サンプル ▶ 101.jww

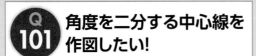

1 <中心線>をクリックし、

2 <中心線寸法>に「40」を入力します。

中心線寸法 40

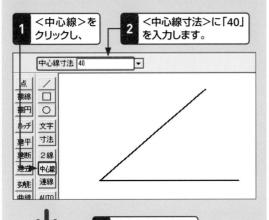

3 線上をクリックし、

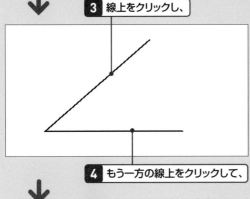

4 もう一方の線上をクリックして、

5 交点を右クリックしたら、

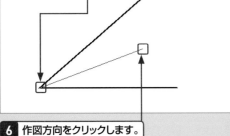

6 作図方向をクリックします。

Q 102 円や円弧の間に中心線を作図したい!

A <中心線>コマンドで直線と同様に指示します。

円や円弧でも、直線と同様に指示することで、中心線を作図できます。

サンプル ▶ 102.jww

1 <中心線>をクリックします。

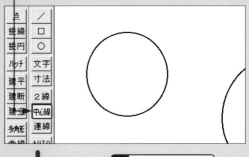

2 円上をクリックし、

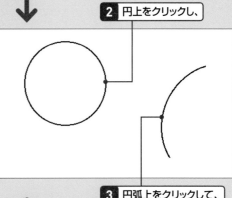

3 円弧上をクリックして、

4 任意点をクリックしたら、

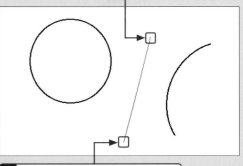

5 もう一方の任意点をクリックします。

Jw_cadの概要

基本操作と作図の準備

線と点の作図

図形の作図

図形の選択と削除

図形と線の編集

レイヤと属性

文字と寸法の入力

画像の配置と印刷

Jw_cadの便利な機能

Q103 2線分間に等分割線を作図したい！

A ＜分割＞コマンドで2本の線を指示します。

2本の線分の間に分割線を作図する場合は、＜分割＞コマンドを利用します。2本の線分は平行である必要はありません。

サンプル ▶ 103.jww

1 ＜分割＞をクリックし、　**2** ＜等距離分割＞にチェックを入れ、

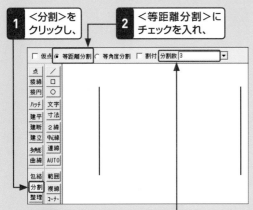

3 ＜分割数＞に「3」を入力します。

4 分割始線をクリックし、　**5** 分割終線をクリックします。

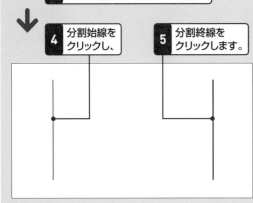

6 等分割線が作図できました。

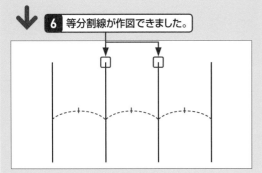

Q104 2点間に等分割点を作図したい！

A ＜分割＞コマンドで2つの頂点を指示します。

2点間に3等分割点を作図する場合は、＜分割＞コマンドを利用します。コマンドの実行と設定は、Q.103と同じです。

参照 ▶ Q 103　サンプル ▶ 104.jww

1 A点上を右クリックし、　**2** B点上を右クリックして、

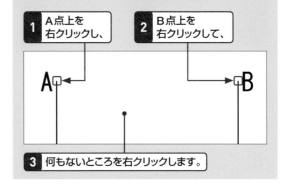

3 何もないところを右クリックします。

Q105 線上に等分割点を作図したい！

A ＜分割＞コマンドで2つの頂点を指示します。

直線上に3等分割点を作図する場合は、＜分割＞コマンドを利用します。コマンドの実行と設定は、Q.103と同じです。

参照 ▶ Q 103　サンプル ▶ 105.jww

1 端点上を右クリックし、　**2** 端点上を右クリックして、

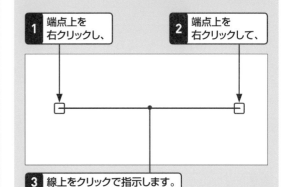

3 線上をクリックで指示します。

Jw_cadの概要

基本操作と作図の準備

線と点の作図

図形の作図

図形の選択と削除

図形と線の編集

レイヤと属性

文字と寸法の入力

画像の配置と印刷

Jw_cadの便利な機能

Q106 2線分間を指定した距離で分割したい!

A <分割>コマンドで<割付>を指定して2本の線を指示します。

指定した間隔で2本の線分の間に分割線を作図する場合は、<分割>コマンドを利用します。線分は平行である必要はありません。

サンプル▶ 106.jww

● 平行線の間に指定距離で分割線を作図する

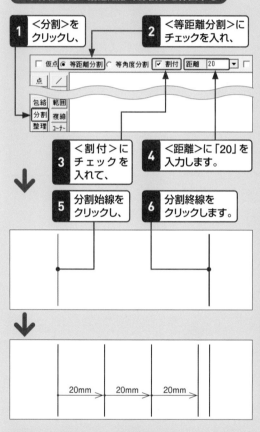

1 <分割>をクリックし、
2 <等距離分割>にチェックを入れ、
3 <割付>にチェックを入れて、
4 <距離>に「20」を入力します。
5 分割始線をクリックし、
6 分割終線をクリックします。

● 平行線の間に指定距離で振り分けて分割線を作図する

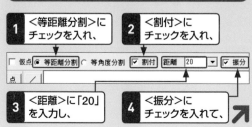

1 <等距離分割>にチェックを入れ、
2 <割付>にチェックを入れ、
3 <距離>に「20」を入力し、
4 <振分>にチェックを入れて、

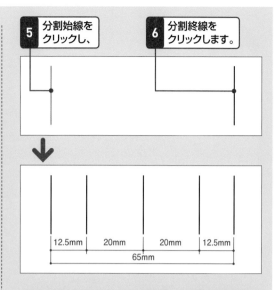

5 分割始線をクリックし、
6 分割終線をクリックします。

12.5mm　20mm　20mm　12.5mm
65mm

● 平行線の間に指定距離以下で分割線を作図する

ここでは、線間隔65mmを、指定した20mm以下の16.25mmで等間隔に分割しています。

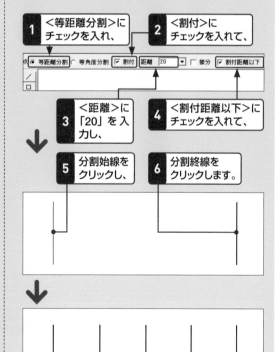

1 <等距離分割>にチェックを入れ、
2 <割付>にチェックを入れて、
3 <距離>に「20」を入力し、
4 <割付距離以下>にチェックを入れて、
5 分割始線をクリックし、
6 分割終線をクリックします。

16.25mm　16.25mm　16.25mm　16.25mm
65mm

Jw_cadの概要

基本操作と作図の準備

線と点の作図

図形の作図

図形の選択と削除

図形と線の編集

レイヤと属性

文字と寸法の入力

画像の配置と印刷

Jw_cadの便利な機能

Q 107 <分割>コマンドの逆分割とは？

A 2本線のそれぞれの離れた端点を基準に等分割します。

通常は2本線のそれぞれの近い端点を基準に等分割しています。逆分割は、その逆で離れた点を基準に等分割するコマンドです。ここでは、2線分間を5等分に逆分割線して作図する方法を説明します。

サンプル ▶ 107.jww

1 <分割>をクリックし、

2 <等距離分割>をクリックしてチェックを入れ、

□ 仮点 ○ 等距離分割 ○ 等角度分割 □ 割付 分割数 5

包絡 範囲
分割 複線
整理 コーナー

3 <分割数>に「5」を入力します。

4 分割始線をクリックし、

5 <逆分割>をクリックして、

等距離分割 ○ 等角度分割 □ 割付 分割数 5 ▶ 逆分割 線長割合

6 分割終線をクリックします。

7 逆分割が実行できました。

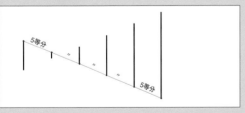

5等分

5等分

通常の等分割

通常の方法で等分割すると右図のようになります。

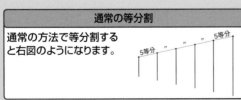

5等分

5等分

Q 108 <分割>コマンドの線長割合分割とは？

A 分割する間隔を線長応じてに比例分割します。

線長割合分割は、2線分間を比例で分割するコマンドです。ここでは、2線分間を5等分に線長比例分割して作図する方法を説明します。

サンプル ▶ 108.jww

1 <分割>をクリックし、

2 <等距離分割>をクリックしてチェックを入れ、

□ 仮点 ○ 等距離分割 ○ 等角度分割 □ 割付 分割数 5

包絡 範囲
分割 複線
整理 コーナー

3 <分割数>に「5」を入力します。

4 分割始線をクリックし、

5 <線長割合分割>をクリックして、

等距離分割 ○ 等角度分割 □ 割付 分割数 2 逆分割 線長割合分割 各自地分割

6 分割終線をクリックします。

7 線長割合分割が実行できました。

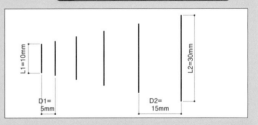

L1=10mm
L2=30mm

D1=
5mm
D2=
15mm

線長比例分割の計算式

分割の計算式は、分割する最初の線長をL1、最後の線長をL2とし、最初の分割距離をD1、最後の分割距離をD2とした場合、
L1:L2＝D1:D2となるように分割します。

Jw_cadの概要

基本操作と作図の準備

線と点の作図

図形の作図

図形の選択と削除

図形と線の編集

レイヤと属性

文字と寸法の入力

画像の配置と印刷

Jw_cadの便利な機能

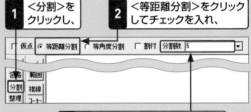

Q 109 スプライン曲線を作図したい!

A <曲線>コマンドから<スプライン曲線>を実行します。

スプライン曲線は、指定した点を通る曲線のことです。各端点を指定して曲線を作図します。

サンプル ▶ 109.jww

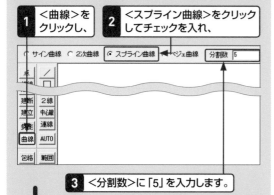

1 <曲線>をクリックし、

2 <スプライン曲線>をクリックしてチェックを入れ、

3 <分割数>に「5」を入力します。

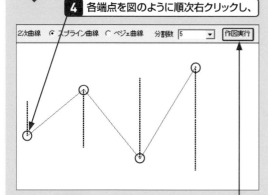

4 各端点を図のように順次右クリックし、

5 <作図実行>をクリックします。

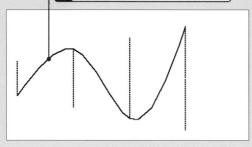

6 スプライン曲線が作図されました。

Q 110 <連線>コマンドとは?

A 連続した線や円弧を作図します。

直線を連続して作図するだけでなく、角を丸面取りして作図することができます。

サンプル ▶ 110.jww

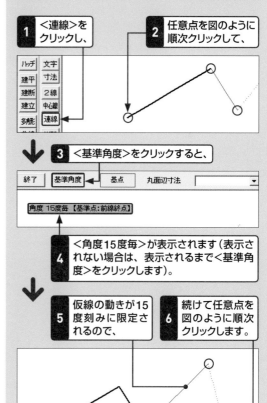

1 <連線>をクリックし、

2 任意点を図のように順次クリックして、

3 <基準角度>をクリックすると、

4 <角度15度毎>が表示されます（表示されない場合は、表示されるまで<基準角度>をクリックします）。

5 仮線の動きが15度刻みに限定されるので、

6 続けて任意点を図のように順次クリックします。

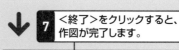

7 <終了>をクリックすると、作図が完了します。

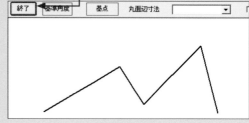

Jw_cadの概要

基本操作と作図の準備

線と点の作図

図形の作図

図形の選択と削除

図形と線の編集

レイヤと属性

文字と寸法の入力

画像の配置と印刷

Jw_cadの便利な機能

Q111 丸面取りを付けて連続線を作図したい！

A ＜連線＞コマンドで＜丸面辺寸法＞を指定します。

＜連線＞コマンドで＜丸面辺寸法＞を指定すると、連続する直線の角を、指定した寸法の丸面取りで作図することができます。

サンプル▶111.jww

1 ＜連線＞をクリックし、　**2** ＜丸面辺寸法＞に「3」を入力します。

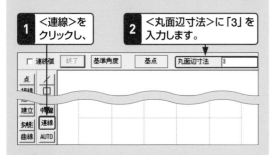

3 各交点を図のように順次右クリックし、

4 ＜終了＞をクリックすると、

5 作図が完成します。

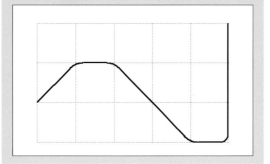

Q112 ＜連続弧＞コマンドとは？

A 連続した円弧で曲線を作図します。

＜連続弧＞コマンドを利用すると、連続した円弧で曲線を作図することができます。

サンプル▶112.jww

1 ＜連線＞をクリックし、　**2** ＜連続弧＞をクリックしてチェックを入れます。

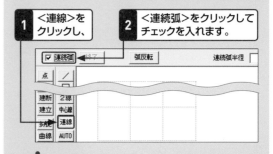

3 各交点を図のように順次右クリックし、

4 ＜終了＞をクリックすると、

5 作図が完成します。

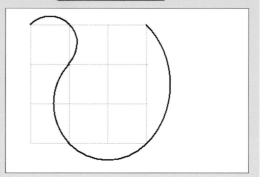

Jw_cadの概要

基本操作と作図の準備

線と点の作図

図形の作図

図形の選択と削除

図形と線の編集

レイヤと属性

文字と寸法の入力

画像の配置と印刷

Jw_cadの便利な機能

Q 113 Jw_cadで作図できる点とは？

A 実点と仮点があります。

Jw_cadで使用される点には、<実点>と<仮点>があります。下表のような特徴がありますが、どちらも<点>コマンドで作図します。これらの点に、右クリックでスナップすることができます。

	仮点	実点
画面表示	○ ドーナツ状に表示されます。 基本設定で設定された線の色、太さで表示されます。	● 塗りつぶしで表示されます。 基本設定で設定された線の色、太さで表示されます。
印刷	画面に表示されるだけで、印刷されません。	印刷されます。
削除	<点>コマンドの<仮点消去>を使います。	<消去>コマンドで線と同様に削除します。

画面表示および印刷するときの点の大きさは、<基本設定>の<色・画面>タブで行います。

参照 ▶ Q 040

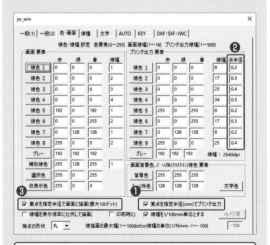

❶チェックを入れると、❷欄が有効になります。
❷実点をプリンタ出力するときの、点半径を指定します。
❸チェックを入れると、実点を❷で指定した<点半径>に準じた大きさで、画面表示されます。

Q 114 実点と仮点を作図したい！

A <点>コマンドを実行して線と同様に作図します。

<点>コマンドを実行して、コントロールバーの<仮点>にチェックがなければ<実点>が書けます。チェックがあれば<仮点>となります。線を作図する場合と同様に、端交点には右クリックでスナップし、点のないところではクリックで作図します。

サンプル ▶ 114.jww

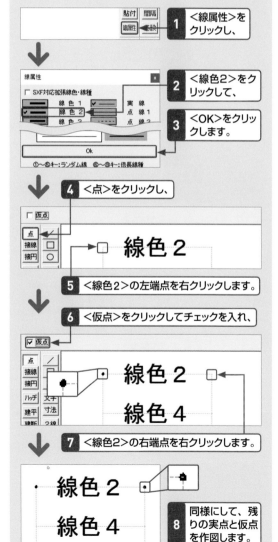

1 <線属性>をクリックし、

2 <線色2>をクリックして、

3 <OK>をクリックします。

4 <点>をクリックし、

5 <線色2>の左端点を右クリックします。

6 <仮点>をクリックしてチェックを入れ、

7 <線色2>の右端点を右クリックします。

8 同様にして、残りの実点と仮点を作図します。

Jw_cadの概要

基本操作と作図の準備

線と点の作図

図形の作図

図形の選択と削除

図形と線の編集

レイヤと属性

文字と寸法の入力

画像の配置と印刷

Jw_cadの便利な機能

左側縦タブ：
Jw_cadの概要　基本操作と作図の準備　線と点の作図　図形の作図　図形の選択と削除　図形と線の編集　レイヤと属性　文字と寸法の入力　画像の配置と印刷　Jw_cadの便利な機能

Q115 実点を消したい!

A <実点>は<消去>コマンドで削除します。

実点の削除は、線と同様に<消去>コマンドで右クリックや<範囲選択消去>で削除します。

サンプル▶ 115.jww

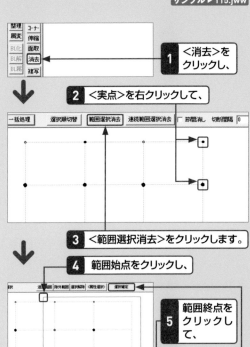

1 <消去>をクリックし、

2 <実点>を右クリックして、

3 <範囲選択消去>をクリックします。

4 範囲始点をクリックし、

5 範囲終点をクリックして、

6 <選択確定>をクリックします。

7 実点が削除されました。

仮点について

範囲選択で囲まれた実点は削除されましたが、仮点はそのまま残っています。仮点は画面上に表示されていますが、削除だけでなく複写や移動などの編集操作もできません。

Q116 仮点を消したい!

A <仮点>は<点>コマンドで削除します。

仮点は、<点>コマンドの、<仮点消去>または<全仮点消去>で削除できます。

サンプル▶ 116.jww

1 <点>をクリックし、

2 <仮点消去>をクリックして、

3 <仮点>をクリックします。

4 <全仮点消去>をクリックすると、

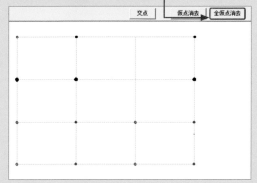

5 仮点だけがすべて削除されました。

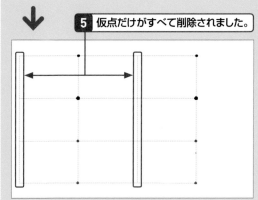

④

図形の作図

Q 117 長方形を作図したい！

A <□>コマンドで対角点を指示します。

長方形の作図は、ツールバー左側上段の<□>（矩形）コマンドを実行して任意の対角点を指示します。コントロールバーの<寸法>に数値が入っている場合は、「0」を入力するか、▼をクリックして<無指定>を選択します。

サンプル▶ 117.jww

1 <□>をクリックし、

2 <寸法>に「0」を入力します。すでに数値が表示されている場合は、▼をクリックして、<無指定>をクリックします。

↓

3 任意点をクリックし、　**4** 任意点をクリックします。

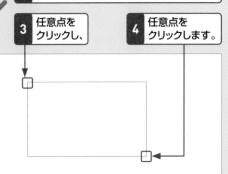

● 指定された対角点で長方形を作図する

1 角を右クリックし、　**2** 角を右クリックします。

参照▶ Q 077

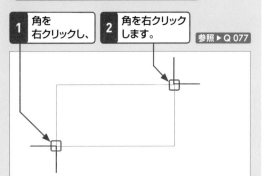

Q 118 寸法を指定して長方形や正方形を作図したい！

A <寸法>に幅と高さを入力します。

矩形の大きさを指定する場合は、<寸法>に「X,Y」を指定します。Xは矩形の幅、Yは高さを表します。

サンプル▶ 118.jww

1 <□>をクリックし、　**2** <寸法>に「50, 30」を入力します。

3 任意点をクリックし、　**4** 再度同じあたりをクリックします。

入力方法と基準点の確定について

<寸法>に「50, 30」と入力するかわりに、「50..30」と入力しても同じです。なお、手順**3**で1度クリックすると、赤い仮線で示された長方形が表示され、2度目のクリックで、黒線になり確定されます。1度目のクリックのあと、基準点の位置を指示する必要がありますが、これについては次のQ.119で説明します。

参照▶ Q 036,Q 055

● 寸法指定で正方形を作図する　　参照▶ Q 055

1 <寸法>に「40」を入力し、　**2** 任意点をクリックして、

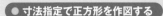

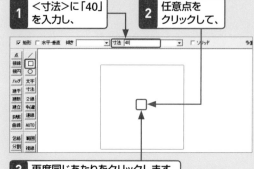

3 再度同じあたりをクリックします。

Jw_cadの概要

基本操作と作図の準備

線と点の作図

図形の作図

図形の選択と削除

図形と線の編集

レイヤと属性

文字と寸法の入力

画像の配置と印刷

Jw_cadの便利な機能

長方形／多角形の作図　　重要度 ★ ★ ★

Q 119 矩形コマンドの基準点とは？

A 矩形に設定された9つの配置ポイントのことです。

<矩形>コマンドには、右図の●に示す、9つの基準点があります。配置位置をクリックで指示すると中央の基準点で配置されます。そのあとで、目的の基準点が配置されるようにマウスを移動し、クリックで確定します。 **サンプル ▶ 119.jww**

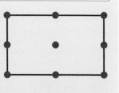

1 <□>をクリックし、

2 <寸法>に「30,20」を入力します。

3 頂点を右クリックし、

4 左下方向に移動して、

5 クリックして確定します。

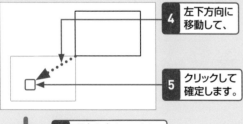

6 頂点を右クリックし、

7 右下方向に移動して、

8 クリックして確定します。

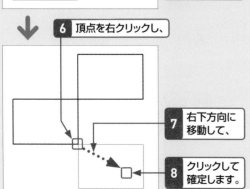

9 同様にして、残りの長方形を作図します。

📄 長方形／多角形の作図　　重要度 ★ ★ ★

Q 120 傾きを指定して長方形を作図したい！

A <傾き>に角度を入力します。

傾きのある長方形の作図は、<傾き>に底辺の傾斜角を入力します。 **参照 ▶ Q 073** **サンプル ▶ 120.jww**

1 <□>をクリックし、

2 <寸法>に「40, 20」を入力して、

3 <傾き>に「30」を入力します。

4 A点を右クリックし、

5 カーソルを下方に移動して、

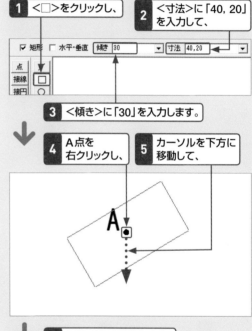

6 クリックして確定します。

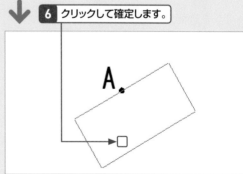

数値入力のポイント

<□>コマンドを実行した時点で、<寸法>でカーソルが表示され、数値が入力できる状態になっています。<角度>に数値を入力するときは、欄内でクリックして、カーソルを表示してから数値入力します。 **参照 ▶ Q 036**

Jw_cadの概要

基本操作と作図の準備

線と点の作図

図形の作図

図形の選択と削除

図形と線の編集

レイヤと属性

文字と寸法の入力

画像の配置と印刷

Jw_cadの便利な機能

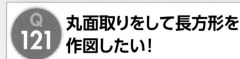

Q121 丸面取りをして長方形を作図したい！

A ＜多重＞のY値に面取り半径を入力します。

丸面取りをした長方形の作図は、＜多重＞のY値に「丸面取りの半径寸法R」を入力します（Rは任意の数値）。

● 基本操作

＜多重＞に丸面取り半径R「0,R」を入力します。

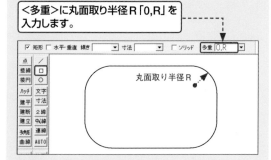

丸面取り半径R

● 丸面取りを指定して長方形を作図する

1 ＜□＞をクリックし、　　サンプル ▶ 121.jww

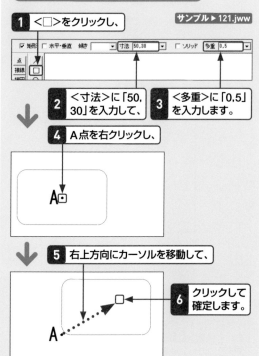

2 ＜寸法＞に「50,30」を入力して、

3 ＜多重＞に「0,5」を入力します。

4 A点を右クリックし、

5 右上方向にカーソルを移動して、

6 クリックして確定します。

Q122 角面取りをして長方形を作図したい！

A ＜多重＞のY値に面取り寸法をマイナス値で入力します。

角面取りをして長方形の作図は、＜多重＞のY値に「角面取りの寸法D」を「-D」として入力します（Dは任意の数値）。

● 基本操作

＜多重＞に角面取り距離D「0,-D」を入力します。

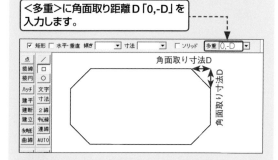

角面取り寸法D

● 角面取りを指定して長方形を作図する

1 ＜□＞をクリックし、　　サンプル ▶ 122.jww

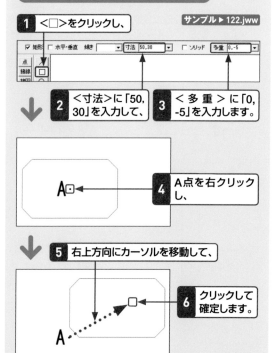

2 ＜寸法＞に「50,30」を入力して、

3 ＜多重＞に「0,-5」を入力します。

4 A点を右クリックし、

5 右上方向にカーソルを移動して、

6 クリックして確定します。

Q 123 多重矩形を作図したい！

A <多重>のX値に分割数を入力します。

<多重>のX値に分割数Nを入力すると、N等分した多重矩形を作図できます（Nは任意の数値）。

● 基本操作

<多重>に、分割数N「N,0」を入力します。

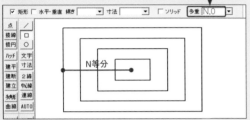

N等分

● 多重矩形を作図する

1 <□>をクリックし、

サンプル ▶ 123.jww

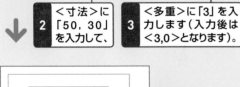

2 <寸法>に「50,30」を入力して、

3 <多重>に「3」を入力します（入力後は<3,0>となります）。

4 A点を右クリックし、

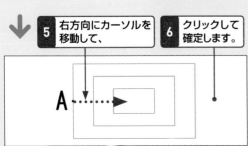

5 右方向にカーソルを移動して、

6 クリックして確定します。

A ⋯⋯▶

Q 124 多角形を作図したい！

A <多角形>コマンドを使用します。

<多角形>コマンドは、<角数>を入力することで、正多角形を書くことができます。また、作図方法にはさまざまな方法が用意されています。<寸法>を入力しない場合は、指定された角数の多角形を自由な大きさで作図することができます。

サンプル ▶ 124.jww

1 <多角形>をクリックし、

2 <中心→頂点指定>をクリックしてチェックを入れ、

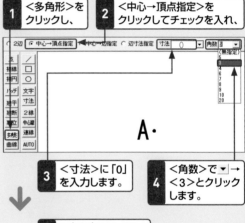

3 <寸法>に「0」を入力します。

4 <角数>で▼→<3>とクリックします。

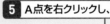

5 A点を右クリックし、

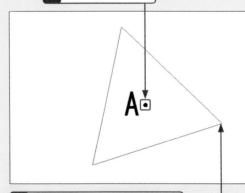

6 任意点をクリックして確定します。

<寸法>について

<寸法>には、▼→<無指定>をクリック、または<寸法>の数値を、Delete キーで削除しても同じです。<寸法>に数値が入力されていない状態では、<底辺角度>を指定することができません。

Jw_cadの概要

基本操作と作図の準備

線と点の作図

図形の作図

図形の選択と削除

図形と線の編集

レイヤと属性

文字と寸法の入力

画像の配置と印刷

Jw_cadの便利な機能

Q125 傾きを指定して多角形を作図したい！

A <多角形>コマンドで<底辺角度>に傾きを数値入力します。

<寸法>に数値を入力すると、<底辺角度>が入力可能になるので、ここに数値を入力します。ここでは六角形を作図します。　　**サンプル▶ 125.jww**

1 <多角形>をクリックし、

2 <中心→頂点指定>をクリックしてチェックを入れ、

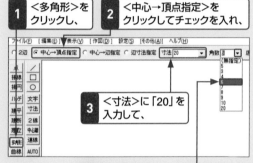

3 <寸法>に「20」を入力して、

4 <角数>の ▼→<6>をクリックします。

5 <底辺角度>の ▼→<30>をクリックし、

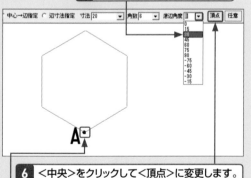

6 <中央>をクリックして<頂点>に変更します。

7 A点を右クリックします。

作図基準点の指定

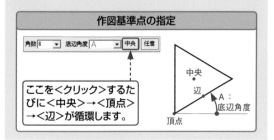

ここを<クリック>するたびに<中央>→<頂点>→<辺>が循環します。

Q126 中心から辺までの距離を指定して多角形を作図したい！

A <多角形>コマンドの<中心→辺指定>で作図します。

<中心→辺指定>では、多角形の中心から辺までの距離を<寸法>に数値入力します。ここでは六角形を作図します。　　**サンプル▶ 126.jww**

1 <多角形>をクリックし、

2 <中心→辺指定>をクリックしてチェックを入れ、

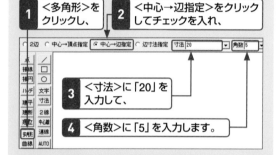

3 <寸法>に「20」を入力して、

4 <角数>に「5」を入力します。

5 <底辺角度>に「0」を入力し、

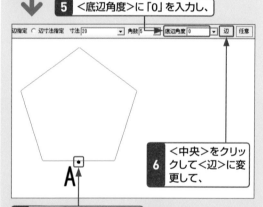

6 <中央>をクリックして<辺>に変更して、

7 A点を右クリックします。

<中心→辺指定>の指定項目

<中心→辺指定>は、多角形の中心から、各辺までの垂直距離Dを<寸法>に入力します。

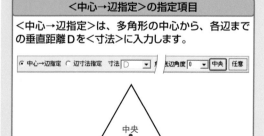

Jw_cadの概要　基本操作と作図の準備　線と点の作図　図形の作図　図形の選択と削除　図形と線の編集　レイヤと属性　文字と寸法の入力　画像の配置と印刷　Jw_cadの便利な機能

Q 127 辺寸法を指定して多角形を作図したい！

A ＜多角形＞コマンドで＜辺寸法指定＞で作図します。

辺寸法を指定して多角形を作図する場合は、多角形の一辺の長さを＜寸法＞に数値入力します。ここでは六角形を作図します。　　サンプル▶ 127.jww

1 ＜多角形＞をクリックし、

2 ＜辺寸法指定＞をクリックしてチェックを入れ、

ファイル(F)　[編集(E)]　表示(V)　[作図(D)]　設定(S)　[その他(A)]　ヘルプ(H)
○ 2辺　○ 中心→頂点指定　○ 中心→辺指定　● 辺寸法指定　寸法 20　　角数 6

3 ＜寸法＞に「20」を入力します。

4 ＜角数＞に「6」を入力し、

5 ＜底辺角度＞に「-15」を入力します。

定(S)　[その他(A)]　ヘルプ(H)
● 辺寸法指定　寸法 20　　角数 6　　底辺角度 -15　頂点　任意

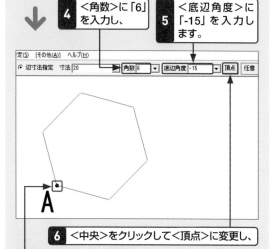

6 ＜中央＞をクリックして＜頂点＞に変更し、

7 A点を右クリックします。

＜辺寸法＞の指定項目

＜辺寸法指定＞は、多角形の一辺の長さLを＜寸法＞に入力します。

○ 中心→辺指定　● 辺寸法指定　寸法 L　　角数

L：辺寸法
中央
頂点　辺

Q 128 2辺長を指定して三角形を作図したい！

A ＜多角形＞コマンドで＜2辺＞を指定して作図します。

2辺長を指定して三角形を作図する場合は、底辺となる直線の両端を指定して、その間に線長を指定した2本の線を引きます。　　サンプル▶ 128.jww

1 ＜多角形＞をクリックし、

2 ＜2辺＞をクリックしてチェックを入れ、

ファイル(F)　[編集(E)]　表示(V)　[作図(D)]　設定(S)　[その他(A)]　ヘルプ(H)
● 2辺　○ 中心→頂点指定　○ 中心→辺指定　○ 辺寸法指定　寸法 30,40

3 ＜寸法＞に「30,40」を入力します。

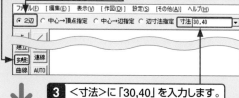

4 A点を右クリックし、

5 B点を右クリックします。

6 先に指示した点側にX値が、あとに指示した点にY値の線が作図されます。

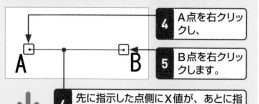

7 上方をクリックします。

最後に直線ABのどちら側に線を作図するのかを指示します。直線ではなく、点であっても同様にして作図します。

＜辺寸法＞の指定項目

＜2辺＞は、＜寸法＞に入力した2数値を2辺長とする直線を作図します。2数L1,L2は、先にクリックで指示した側にL1の直線が作図されます。

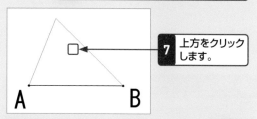

● 2辺　○ 中心→　定　寸法 L1,L2　　角

先にクリック
で指示　　あとでクリック
で指示

Jw_cadの概要

作図の準備と基本操作

線と点の作図

図形の作図

図形の選択と削除

図形と線の編集

レイヤと属性

文字と寸法の入力

画像の配置と印刷

Jw_cadの便利な機能

Jw_cadの概要

基本操作と作図の準備

線と点の作図

図形の作図

図形の選択と削除

図形と線の編集

レイヤと属性

文字と寸法の入力

画像の配置と印刷

Jw_cadの便利な機能

📑 円の作図   重要度 ★ ★ ★

Q129 円を作図したい！

A ＜○＞コマンドで中心と半径位置を指示します。

円の作図は、ツールバー左側上段の＜○＞（円）コマンドを実行して中心と半径の位置を任意に指示します。コントロールバーの＜半径＞に数値が入っている場合は、「0」を入力するか、▼をクリックして＜無指定＞を選択します。

サンプル ▶ 129.jww

1 ＜○＞をクリックし、

2 ＜寸法＞に「0」を入力します。すでに数値が表示されている場合は、▼をクリックして、＜無指定＞をクリックします。

3 任意点をクリックし、

4 任意点をクリックします。

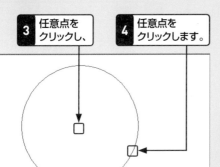

● 2 点を直径とする円を作図する

1 ＜基点＞をクリックして＜外側＞に変更し、

2 角を右クリックして、

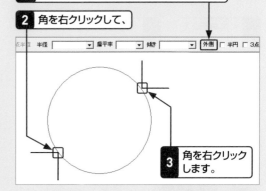

3 角を右クリックします。

半径を入力しない場合の基準点

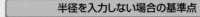

＜基点＞または＜中央＞の場合   ＜外側＞の場合

中心を指示したあと、円周上点を指示します。   直径となる2点を指示します。

📑 円の作図   重要度 ★ ★ ★

Q130 指定された位置に半径を指定して円を作図したい！

A ＜半径＞に数値入力します。

半径を指定して円を作図する場合は、＜半径＞に数値を入力し、配置する場所をクリックで指示します。

サンプル ▶ 130.jww

1 ＜○＞をクリックし、

2 ＜半径＞に「15」を入力して、

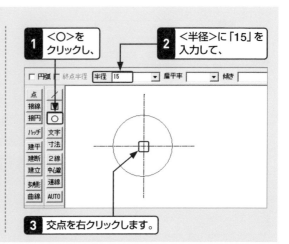

3 交点を右クリックします。

Q 131 基準点を変更して円を作図したい!

A 円には9カ所の基準点があります。

<円>コマンドには、9カ所の基準点が設定されています。この基準点を使い分けることで効率的な作図ができます。

サンプル ▶ 131.jww

1 <○>をクリックし、

2 <半径>に「15」を入力して、

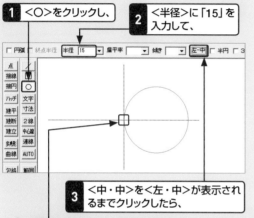

3 <中・中>を<左・中>が表示されるまでクリックしたら、

4 交点を右クリックします。

5 <左・中>を<右・中>が表示されるまでクリックし、

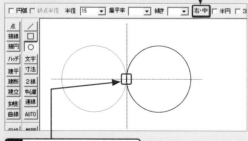

6 交点を右クリックします。

円の基準点

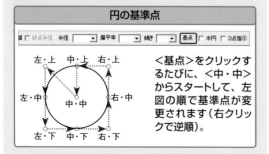

<基点>をクリックするたびに、<中・中>からスタートして、左図の順で基準点が変更されます(右クリックで逆順)。

Q 132 3点を指示して円を作図したい!

A <3点指示>を指定します。

円周上となる3点を通過する円の作図は、<3点指示>にチェックを入れて、3点を指示します。

サンプル ▶ 132.jww

1 <○>をクリックし、

2 <半径>の空欄を確認して、

3 <3点指示>をクリックしてチェックを入れ、

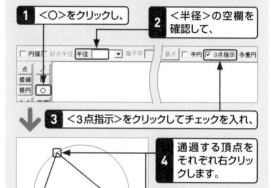

4 通過する頂点をそれぞれ右クリックします。

● 半径と円周上の点を指示して円を作図する

1 <半径>に「15」を入力し、

2 <3点指示>をクリックしてチェックを入れ、

3 通過する端点をそれぞれ右クリックして、

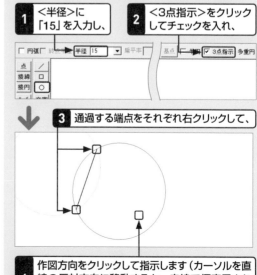

4 作図方向をクリックして指示します(カーソルを直線の反対方向に移動すると、赤線で仮表示された円も直線の反対側に移動します)。

Jw_cadの概要

基本操作と作図の準備

線と点の作図

図形の作図

図形の選択と削除

図形と線の編集

レイヤと属性

文字と寸法の入力

画像の配置と印刷

Jw_cadの便利な機能

Jw_cadの概要

基本操作と作図の準備

線と点の作図

図形の作図

図形の選択と削除

図形と線の編集

レイヤと属性

文字と寸法の入力

画像の配置と印刷

Jw_cadの便利な機能

📄 円の作図　　　　　　重要度 ★ ★ ★

Q 133 多重円を作図したい!

A <多重円>に分割数を入力します。

多重円は、分割数Nを入力して作図します。ここでは五重の多重円を作図します。

サンプル ▶ 133.jww

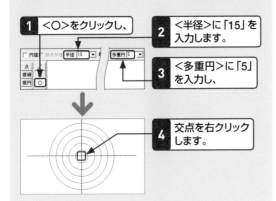

1 <○>をクリックし、

2 <半径>に「15」を入力します。

3 <多重円>に「5」を入力し、

4 交点を右クリックします。

📄 円の作図　　　　　　重要度 ★ ★ ★

Q 135 楕円を作図したい!

A <円>コマンドで<扁平率>を指定します。

楕円は、扁平率(横軸に対する縦軸の割合)を%で指定して作図します。

サンプル ▶ 135.jww

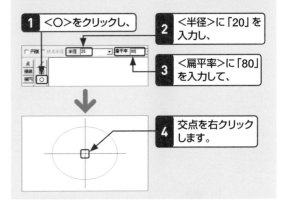

1 <○>をクリックし、

2 <半径>に「20」を入力し、

3 <扁平率>に「80」を入力して、

4 交点を右クリックします。

📄 円の作図　　　　　　重要度 ★ ★ ★

Q 134 半円を作図したい!

A <半円>を指示して直径位置を指示します。

半円の作図は、直径となる2点をクリックで指示します。ここでは、直線を直径とする半円を作図します。

サンプル ▶ 134.jww

1 <○>をクリックし、

2 <半円>をクリックしてチェックを入れ、

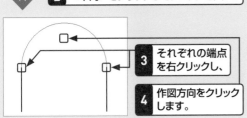

3 それぞれの端点を右クリックし、

4 作図方向をクリックします。

📄 円の作図　　　　　　重要度 ★ ★ ★

Q 136 三角形に内接する円を作図したい!

A <接円>コマンドを実行します。

三角形に内接する円は、三角形の3辺をクリックすることで作図できます。

サンプル ▶ 136.jww

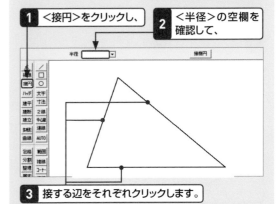

1 <接円>をクリックし、

2 <半径>の空欄を確認して、

3 接する辺をそれぞれクリックします。

Q137 2線に接する接円を作図したい!

A <接円>コマンドを実行します。

2線に接する接円の作図は、接円の半径を入力し、接する線を指定します。　サンプル ▶ 137.jww

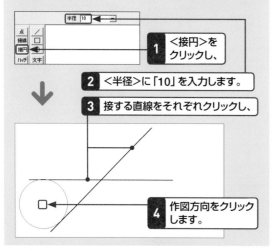

1 <接円>をクリックし、

2 <半径>に「10」を入力します。

3 接する直線をそれぞれクリックし、

4 作図方向をクリックします。

Q138 3つの円に接する接円を作図したい!

A <接円>コマンドで接する円を指定します。

円の指定は、接円が接するあたりの円周上をクリックして指定します。　サンプル ▶ 138.jww

1 <接円>をクリックし、

2 それぞれの接する円の外側をクリックします。

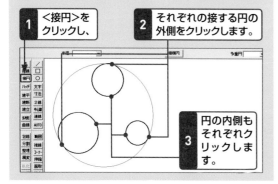

3 円の内側もそれぞれクリックします。

Q139 接楕円を作図したい!

A <接円>コマンドで<接楕円>を指定します。

接楕円の作図は、<接円>コマンドで<接楕円>モードを指示し、<平行四辺形内接>を実行します。　サンプル ▶ 139.jww

1 <接円>をクリックし、

2 <接楕円>をクリックします。

3 <3点指示>をクリックし、

4 左辺の上で<右AM-3時>とします。

5 右辺の上で<右AM-3時>として、

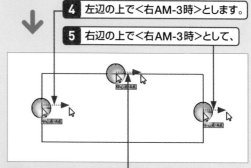

6 上辺の上で<右AM-3時>とします。

● **平行四辺形に接する接楕円を作図する**

1 <平行四辺形内接>をクリックし、

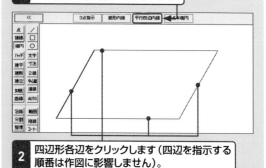

2 四辺形各辺をクリックします(四辺を指示する順番は作図に影響しません)。

Jw_cadの概要

基本操作と作図の準備

線と点の作図

図形の作図

図形の選択と削除

図形と線の編集

レイヤと属性

文字と寸法の入力

画像の配置と印刷

Jw_cadの便利な機能

Jw_cadの概要

基本操作と作図の準備

線と点の作図

図形の作図

図形の選択と削除

図形と線の編集

レイヤと属性

文字と寸法の入力

画像の配置と印刷

Jw_cadの便利な機能

円の作図

重要度 ★★★

Q 140 円弧を作図したい!

A <〇>コマンドで<円弧>にチェックを入れます。

<〇>コマンドで<円弧>にチェックを入れると、円弧の作図が可能になります。中心、始点、終点の順に指示します。

サンプル ▶ 140.jww

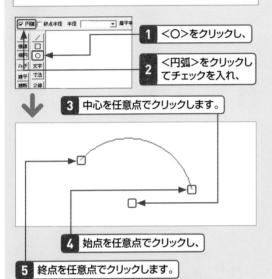

1 <〇>をクリックし、

2 <円弧>をクリックしてチェックを入れ、

3 中心を任意点でクリックします。

4 始点を任意点でクリックし、

5 終点を任意点でクリックします。

● 始点と終点を指定された位置に円弧を作図する

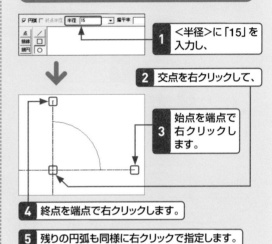

1 <半径>に「15」を入力し、

2 交点を右クリックして、

3 始点を端点で右クリックします。

4 終点を端点で右クリックします。

5 残りの円弧も同様に右クリックで指定します。

ハッチングの作図

重要度 ★★★

Q 141 Jw_cadで作図することのできるハッチングとは?

A <ハッチ>コマンドでハッチングパターンを選択します。

ハッチングとは平行な斜線や線のことで、Jw_cadでは4種類のハッチングパターンが用意されています。そのほか、図形を登録してハッチングすることもできます。線の間隔は、通常、<図寸>で設定します。

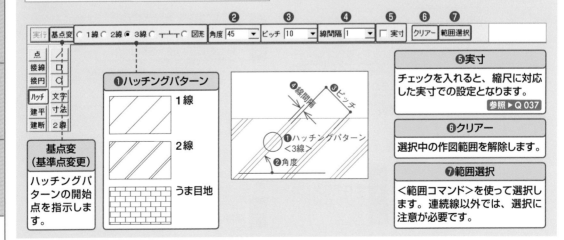

基点変（基準点変更）
ハッチングパターンの開始点を指示します。

❶ハッチングパターン
1線
2線
うま目地

❺実寸
チェックを入れると、縮尺に対応した実寸での設定となります。
参照 ▶ Q 037

❻クリアー
選択中の作図範囲を解除します。

❼範囲選択
<範囲コマンド>を使って選択します。連続線以外では、選択に注意が必要です。

Q142 間隔・角度・基準点を指定してハッチングを作図したい!

A <ハッチ>コマンドで範囲を指定します。

ハッチングする範囲が閉じた矩形の場合には、範囲選択で指定することができます。　サンプル▶142.jww

1 <ハッチ>をクリックし、

2 <3線>をクリックしてチェックを入れ、

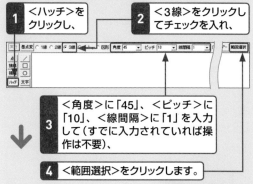

3 <角度>に「45」、<ピッチ>に「10」、<線間隔>に「1」を入力して（すでに入力されていれば操作は不要）、

4 <範囲選択>をクリックします。

5 任意点をクリックし、

6 任意点をクリックして、

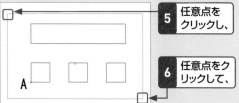

7 <選択確定>をクリックします。

8 <基点変>をクリックし、

9 A点を右クリックします。

10 <実行>をクリックすると、ハッチングが作図されます。

11 <クリアー>をクリックして、作図範囲を解除します。

Q143 複雑な範囲にウマ目地を作図したい!

A 範囲となる直線を順次指示します。

ハッチングする範囲が多角形の場合には、作図範囲となる各辺を一辺ずつ指示します。　サンプル▶143.jww

1 <ハッチ>をクリックし、

2 ┬┬欄をクリックしてチェックを入れ、

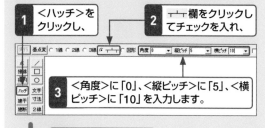

3 <角度>に「0」、<縦ピッチ>に「5」、<横ピッチ>に「10」を入力します。

4 辺上をクリックし、

5 辺上をクリックして、

6 ハッチング範囲を囲むように残りの辺上を順次クリックします（最初に指示した直線は波線で表示されます）。

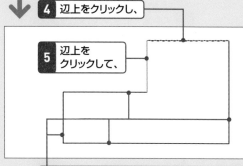

7 波線上でクリックし、

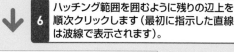

8 <実行>をクリックすると、ハッチングが作図されます。

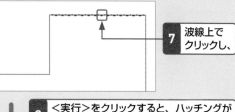

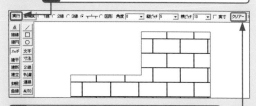

9 <クリアー>をクリックして、作図範囲を解除します。

Jw_cadの概要／基本操作と作図の準備／線と点の作図／図形の作図／図形の選択と削除／図形と線の編集／レイヤと属性／文字と寸法の入力／画像の配置と印刷／Jw_cadの便利な機能

Q144 クロスハッチングを作図したい!

A 同じ範囲でハッチング角度を変更します。

一度選択したハッチング範囲に、重ねてハッチングを実行して、交差する線でハッチングします。

サンプル▶ 144.jww

1 <ハッチ>をクリックし、

2 <1線>をクリックしてチェックを入れ、

3 <角度>に「45」、<ピッチ>に「5」を入力します。

4 各辺を順次クリックして、範囲を選択し(Q.143参照)、

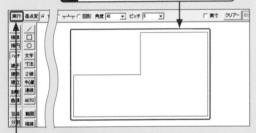

5 <実行>をクリックします。

6 <角度>の ▼ →<-45>とクリックし、

7 <実行>をクリックすると、クロスハッチングが作図されます。

8 <クリアー>をクリックして、作図範囲を解除します。

Q145 ハッチングしない場所を指定したい!

A ハッチング範囲の中の図形を右クリックで指定します。

ハッチングしない場所を指定したい場合は、ハッチングしない範囲の図形を右クリックで指示したあと、ハッチング範囲を右クリックで指定します。

サンプル▶ 145.jww

1 <ハッチ>をクリックし、

2 <2線>をクリックしてチェックを入れ、

3 <角度>に「45」、<ピッチ>に「5」、<線間隔>に「1」を入力します。

4 ハッチングしない図形上で右クリックし、

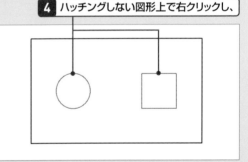

5 ハッチング範囲を右クリックし、

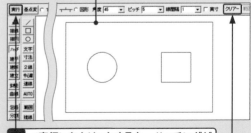

6 <実行>をクリックすると、ハッチングが作成されます。

7 <クリアー>をクリックして、作図範囲を解除します。

Jw_cadの概要　基本操作と作図の準備　線と点の作図　図形の作図　図形の選択と削除　図形と線の編集　レイヤと属性　文字と寸法の入力　画像の配置と印刷　Jw_cadの便利な機能

Q 146 <□>コマンドでソリッド図形を作図したい！

A <□>コマンドを実行後に<ソリッド図形>にチェックを入れます。

Jw_cadのソリッド図形とは、図面に色を付けて塗りつぶす機能で、<□>コマンドと<多角形>コマンドで作図することができます。<□>コマンドでは簡単にソリッド図形を作図できますが、形状は矩形に限定され、機能も限定されています。ここでは長方形に色を塗ります。　サンプル▶146.jww

1 <□>をクリックし、

2 <ソリッド>と<任意色>をクリックしてチェックを入れ、

3 <任意>をクリックします。

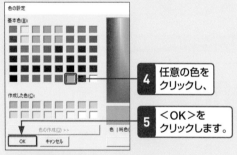

4 任意の色をクリックし、

5 <OK>をクリックします。

6 選択した色が表示されるので、

7 角を右クリックし、

8 対角点を右クリックします。

任意色について
手順2で<任意色>にチェックを入れない場合は、作図線色で彩色されます。

Q 147 <多角形>コマンドでソリッド図形を作図したい！

A ソリッド図形となる頂点を指示します。

<多角形>コマンドでは、複雑な形のソリッド図形を作図することができ、さらにソリッド図形の色の取得や変更などの機能もあります。　サンプル▶147.jww

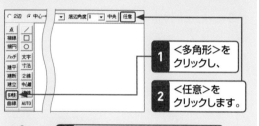

1 <多角形>をクリックし、

2 <任意>をクリックします。

3 <ソリッド図形>と<任意色>をクリックしてチェックを入れ、

4 <任意>をクリックします。

5 Q.146の手順4、5を参考に任意の色を選択します。

6 交点で右クリックし、

7 交点で右クリックして、

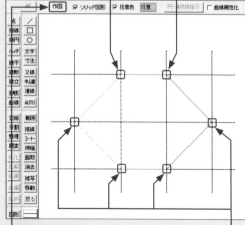

8 作図範囲となる交点を順次、右クリックします。

9 <作図>をクリックします。

Jw_cadの概要

基本操作と作図の準備

線と点の作図

図形の作図

図形の選択と削除

図形と線の編集

レイヤと属性

文字と寸法の入力

画像の配置と印刷

Jw_cadの便利な機能

Jw_cadの概要

基本操作と作図の準備

線と点の作図

図形の作図

図形の選択と削除

図形と線の編集

レイヤと属性

文字と寸法の入力

画像の配置と印刷

Jw_cadの便利な機能

📄 ソリッド図形の作図 　　　　　　　　重要度 ★ ★ ★

Q 148 閉じた多角形にソリッドを作図したい!

A <ソリッド図形>で<円・連続線指示>を実行します。

<多角形>コマンドでは、閉じた多角形に簡単にソリッド図形を作図することができます。

サンプル ▶ 148.jww

1 Q.147の手順**1**〜**5**を参考に、任意色の設定まで行います。

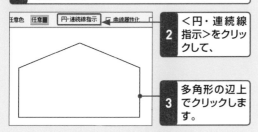

任意色 任意■ 円・連続線指示 ◀ 曲線属性化

2 <円・連続線指示>をクリックして、

3 多角形の辺上でクリックします。

📄 ソリッド図形の作図 　　　　　　　　重要度 ★ ★ ★

Q 149 円や円弧にソリッドを作図したい!

A <ソリッド図形>で<円・連続線指示>を実行します。

<多角形>コマンドでは、閉じた円や円弧に簡単にソリッド図形を作図することができます。

サンプル ▶ 149.jww

1 Q.147の手順**1**〜**5**を参考に、任意色の設定まで行います。

任意色 任意■ 円・連続線指示 ◀ 曲線属性化

2 <円・連続線指示>をクリックして、

3 円周上でクリックします。

📄 ソリッド図形の作図 　　　　　　　　重要度 ★ ★ ★

Q 150 基本色以外の色でソリッド図形を作図したい!

A 「色の設定」画面で色を追加することができます。

「色の設定」画面は、<任意>をクリックして表示します。この画面では基本色のほかに、色を設定して使用することができます。

● 数値指定で色を追加する

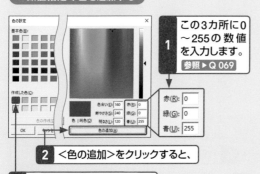

1 この3カ所に0〜255の数値を入力します。
参照 ▶ Q 069

赤(R): 0
緑(G): 0
青(U): 255

2 <色の追加>をクリックすると、

3 色のボタンが追加されます。

● カラーピッカーから色を追加する

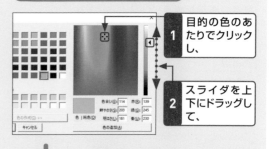

1 目的の色のあたりでクリックし、

2 スライダを上下にドラッグして、

3 設定したい色を表示します。

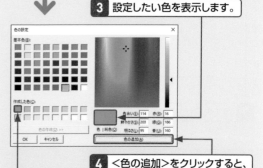

4 <色の追加>をクリックすると、

5 色のボタンが追加されます。

Q 151 図上のソリッド図形と同じ色で作図したい!

A 色を取得したいソリッド図形を Shift キー＋右クリックします。

すでに作図されているソリッド図形と同じ色で作図したい場合、同じ色に設定することは、とても難しい作業になります。＜多角形＞コマンドでは、すでに作図されているソリッド図形から色情報を取得することができます。なお、この操作は、＜□＞コマンドの＜ソリッド図形＞ではできません。**サンプル ▶ 151.jww**

1 Q.147の手順**1**～**3**を参考に、＜ソリッド図形＞にチェックを入れるところまでを行います。

2 色を取得するソリッドの上で Shift キー＋右クリックします。

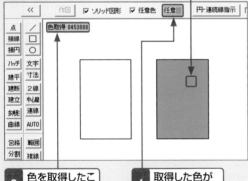

3 色を取得したことが表示され、

4 取得した色が表示されます。

5 ＜円・連続線指示＞をクリックして、

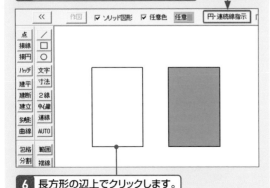

6 長方形の辺上でクリックします。

Q 152 ソリッド図形の色を変更したい!

A 色を変更したいソリッド図形を Shift キー＋クリックします。

すでに書かれているソリッド図形の色の変更は、複雑な形状になると複数回に分けて変更する必要があります。**サンプル ▶ 152.jww**

1 Q.147の手順**1**～**3**を参考に、＜ソリッド図形＞にチェックを入れるところまでを行います。

2 色を取得するソリッドの上で Shift キー＋右クリックし、

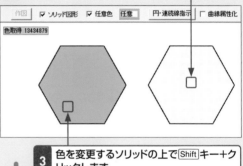

3 色を変更するソリッドの上で Shift キー＋クリックします。

4 色が変更されたことが表示され、

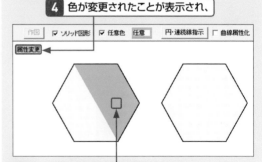

5 さらに変更するソリッドの上で Shift キー＋クリックします。

色の変更について

複雑な多角形になると、何度も変更の操作が必要になります。また、閉じた多角形の場合にはQ.148のように、＜円・連続線指示＞でも表示される色は変わりますが、違う色のソリッド図形が2枚重なっただけとなります。作図状況によっては隠れていたソリッド図形が表示される場合があるので、好ましくはありません。

Jw_cadの概要

基本操作と作図の準備

線と点の作図

図形の作図

図形の選択と削除

図形と線の編集

レイヤと属性

文字と寸法の入力

画像の配置と印刷

Jw_cadの便利な機能

Q153 ソリッド図形で線が消えてしまった！

A ソリッド図形を先に表示するように設定します。

ソリッド図形を作図すると、先に作図していた線がソリッド図形の下になり見えなくなることがあります。このような場合には＜基本設定＞で表示順序を変更します。　**参照▶Q 146**　**サンプル▶153.jww**

1 Q.146の手順**1**～**5**を参考に、任意色の設定まで行います。

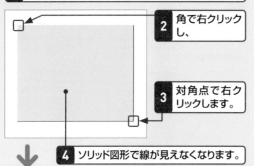

2 角で右クリックし、

3 対角点で右クリックします。

4 ソリッド図形で線が見えなくなります。

5 ＜基設＞をクリックし、

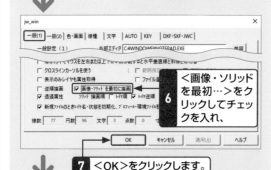

6 ＜画像・ソリッドを最初…＞をクリックしてチェックを入れ、

7 ＜OK＞をクリックします。

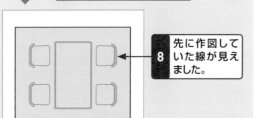

8 先に作図していた線が見えました。

Q154 ソリッド図形でソリッド図形が消えてしまった！

A それぞれ異なるレイヤに書き分けて表示順序も設定します。

ソリッド図形の上にソリッド図形を作図すると、下に作図したソリッドは隠れてしまいます。作図するレイヤを変更することで解決することができます。　**参照▶Q 149**　**サンプル▶154.jww**

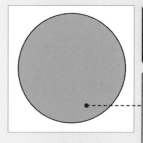

1 Q.149を参考に、大円に任意色でソリッド図形を作図します。

大円のソリッド図形で小円と小円のソリッド図形が見えなくなります。両クリックで画面移動すると小円が表示されます。なお、小円のソリッドは＜④＞レイヤに、大円のソリッドは＜⑤＞レイヤに作図しています。

2 ＜基設＞をクリックし、

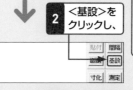

3 ＜レイヤ逆順＞をクリックしてチェックを入れ、

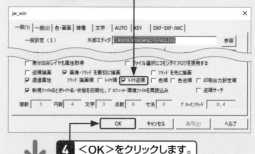

4 ＜OK＞をクリックします。

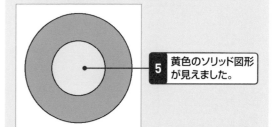

5 黄色のソリッド図形が見えました。

5

図形の選択と削除

Q155 範囲選択とは？

A 編集の対象となる図形や文字列を指示する重要な操作です。

範囲選択とは、CADで図面を作成していく過程で、消去や複写・移動など編集作業の対象となる図形や文字列などをまとめて指示する操作です。操作頻度が高く、作業効率にも大きく影響します。選択方法には下記のように各種の方法が用意されています。これらを組み合わせて目的の図形や文字列をすばやく選択することが大切です。クロックメニューでの操作は、作業効率を向上させます。　**参照▶Q 051**

図形の選択	範囲の終点をクリックで指示します。　**参照▶Q 156**
文字列の選択	範囲の終点を右クリックで指示します。　**参照▶Q 157**
範囲選択	範囲を指定し、赤い選択枠で完全に囲まれた図形・文字列を選択します。ただし交差選択は除きます。　**参照▶Q 156,157**
単一選択	一図形・一文字列ごとに、選択・追加選択します。　**参照▶Q 158,168,172**
単一除外選択	一図形・一文字列ごとに、選択を解除します。　**参照▶Q 159,168,172**
追加範囲選択	範囲を指定して追加選択します。　**参照▶Q 161**
除外範囲選択	選択した図形・文字列から範囲を指定して選択を解除します。　**参照▶Q 162**
交差選択	選択時に表示される枠が一部にかかっている図形も選択します。　**参照▶Q 160, 163**
属性選択	図形や文字列の属性により選択します。　**参照▶Q 166,167**

クロックメニューによる選択コマンド（一例）

範囲選択
左AM-4時

追加範囲
左AM-5時

除外範囲
左AM-6時

参照▶Q 051

Q156 範囲選択でまとめて図形を選択したい！

A 目的の図形が完全に囲めるように範囲をクリックで指示します。

複数図形の選択は、＜範囲＞コマンドを実行後、選択する図形を完全に囲むように、範囲の始点と終点をクリックで指示します。ここでは直線だけを選択する方法を説明します。　**サンプル▶156.jww**

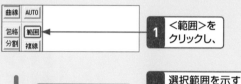

1 ＜範囲＞をクリックし、

2 範囲始点をクリックします。

3 選択範囲を示す選択枠が表示されるので、

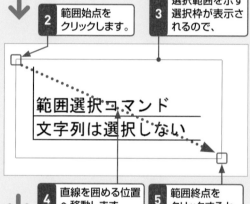

4 直線を囲める位置へ移動します。

5 範囲終点をクリックすると、

6 選択された直線が、紫色で表示されます。

選択に失敗した場合

範囲始点や範囲終点が直線を完全に囲んでいない場合、選択されず表示も変わりません。選択に失敗した場合は、Escキーを押して、操作を元に戻すか、再度＜範囲選択＞コマンドを実行して、最初からやり直しましょう。

Q 157 範囲選択でまとめて図形と文字列を選択したい！

A 文字列の範囲選択は範囲終点を右クリックで指示します。

＜範囲＞コマンドで文字列を選択する場合は、文字列が囲める範囲始点でクリックして、範囲終点を右クリックで指示します。このとき、赤い選択枠で囲まれた線分などの図形も選択されます。

サンプル ▶ 157.jww

曲線	AUTO	
包絡	範囲	
分割	複線	

1 ＜範囲＞をクリックし、

2 範囲始点をクリックします。

3 直線を囲める位置へ移動し、

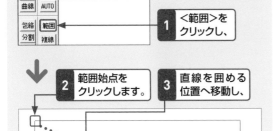

範囲選択コマンド
線と文字列を選択

4 範囲終点を右クリックします。

5 選択された直線と文字列が、紫色で表示されます。

範囲選択コマンド
線と文字列を選択

選択の確認

選択をされたどうかを確認するには、左ツールバー中段の＜消去＞コマンドをクリックします。線と文字列が消えれば正しく選択されています。Escキーを押して、消去された線と文字列を復活させましょう。

Q 158 選択できなかった図形を1つずつ追加選択したい！

A 追加選択する図形をクリックで指示します。

範囲選択で、選択できない図形がある場合、その図形の上でクリックして、追加選択することができます。

サンプル ▶ 158.jww

● 1つずつ図形を追加選択する

| 包絡 | 範囲 | |
| 分割 | 複線 | |

1 ＜範囲＞をクリックし、

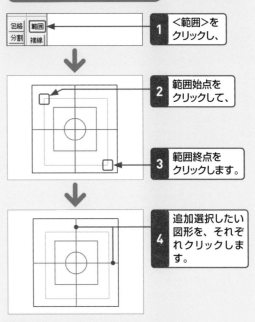

2 範囲始点をクリックして、

3 範囲終点をクリックします。

4 追加選択したい図形を、それぞれクリックします。

● クロックメニューを使って選択する

1 範囲始点で＜左AM-4時＞とし、

2 範囲終点をクリックします。

3 続いて、上記の手順 **4** と同様に追加選択したい図形をクリックします。

Jw_cadの概要

基本操作と作図の準備

線と点の作図

図形の作図

図形の選択と削除

図形と線の編集

レイヤと属性

文字と寸法の入力

画像の配置と印刷

Jw_cadの便利な機能

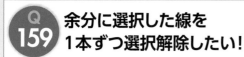

Q159 余分に選択した線を1本ずつ選択解除したい！

A 選択を解除する図形をクリックで指示します。

範囲選択で、余計に選択してしまった図形がある場合は、その図形の上でクリックして、選択を解除することができます。

サンプル ▶ 159.jww

● 1図形ずつ選択を解除する

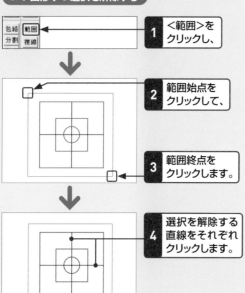

1 <範囲>をクリックし、

2 範囲始点をクリックして、

3 範囲終点をクリックします。

4 選択を解除する直線をそれぞれクリックします。

● クロックメニューを使って選択する

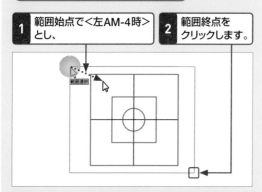

1 範囲始点で<左AM-4時>とし、

2 範囲終点をクリックします。

3 このあと、上記の手順**4**と同様に選択解除する線をクリックします。

Q160 完全に囲むことのできない線も範囲選択したい！

A 範囲の終点指示をダブルクリックします。

<交差選択>では、範囲選択のときに表示される赤い範囲枠のかかっている図形すべてが選択されます。交差選択を行うには、範囲の終点指示をダブルクリックで指示します。

サンプル ▶ 160.jww

● 交差選択で線を選択する

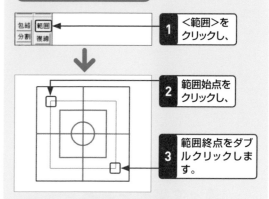

1 <範囲>をクリックし、

2 範囲始点をクリックし、

3 範囲終点をダブルクリックします。

● クロックメニューを使って選択する

1 範囲始点で<左AM-4時>とし、

2 範囲終点をダブルクリックします。

クロックメニューによる<範囲>コマンドの実行

ファイルを起動した状態では、</／>コマンドが実行された状態ですが、クロックメニューを使って範囲選択する場合には、<範囲>コマンドを実行する必要はありません。範囲始点を指示する場所でドラッグして<左AM-4時>とすると、<範囲>コマンドが実行され、範囲始点が指示された状態になります。

Jw_cadの概要

基本操作と作図の準備

線と点の作図

図形の作図

図形の選択と削除

図形と線の編集

レイヤと属性

文字と寸法の入力

画像の配置と印刷

Jw_cadの便利な機能

Q 161 追加の選択を範囲選択したい！

A コントロールバーの＜追加範囲＞を実行します。

一度の範囲選択で目的の図形を選択できない場合、＜追加範囲＞コマンドで図形を選択することができます。

サンプル ▶ 161.jww

● 追加選択を範囲選択する

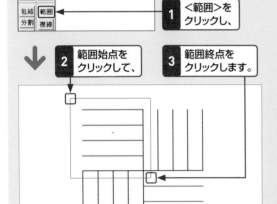

1 ＜範囲＞をクリックし、

2 範囲始点をクリックして、

3 範囲終点をクリックします。

4 ＜追加範囲＞をクリックし、

5 追加範囲始点をクリックして、

6 追加範囲終点をクリックします。

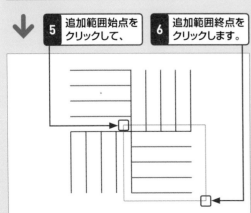

● クロックメニューを使って選択する

図形や文字列を選択できる位置でクロックメニュー＜左AM-5時＞を実行します。＜追加範囲＞コマンドは、何も選択されていない状態では表示されません。

追加範囲
左AM-5時

1 範囲始点で＜左AM-4時＞とし、

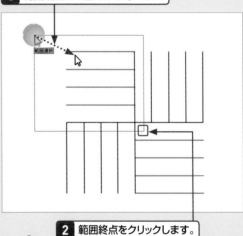

2 範囲終点をクリックします。

3 追加範囲始点で＜左AM-5時＞とし、

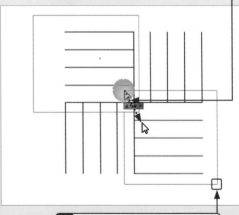

4 追加範囲終点をクリックします。

クロックメニューを利用するメリット

クロックメニューを使った作図では、ツールバーやコントロールバーにマウスを移動することなく、作図領域でコマンドの実行・操作を行えるので、効率的な作図を実感することができます。

Jw_cadの概要

基本操作と作図の準備

線と点の作図

図形の作図

図形の選択と削除

図形と線の編集

レイヤと属性

文字と寸法の入力

画像の配置と印刷

Jw_cadの便利な機能

Jw_cadの概要

基本操作と作図の準備

線と点の作図

図形の作図

図形の選択と削除

図形と線の編集

レイヤと属性

文字と寸法の入力

画像の配置と印刷

Jw_cadの便利な機能

📝 選択範囲の基本操作　　重要度 ★★★

Q162 選択の解除をまとめて行いたい！

A <除外範囲>で選択を解除する範囲を指示します。

必要のない図形や文字列を含めて、範囲選択したあと、コントロールバーに表示される<除外範囲>を実行して、選択を解除する範囲を指示します。

サンプル ▶ 162.jww

● 範囲を指定して選択を解除する

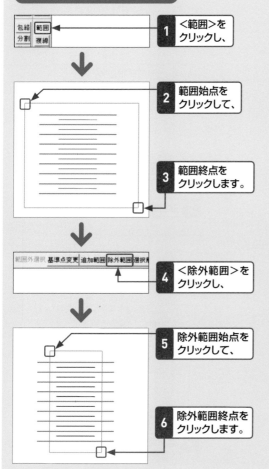

1 <範囲>をクリックし、

2 範囲始点をクリックして、

3 範囲終点をクリックします。

4 <除外範囲>をクリックし、

5 除外範囲始点をクリックして、

6 除外範囲終点をクリックします。

合理的な解除方法

ここでの例のように、状況によっては必要ない部分も含めて選択し、選択しない部分を<除外範囲>を利用してあとから選択解除するほうが、効率的な場合もあります。

● クロックメニューを使って選択する

クロックメニューを利用して選択の解除を行う場合は、図形や文字列を選択できる位置でクロックメニュー<左AM-6時>を実行します。<除外範囲>は、何も選択されていない状態では表示されません。

除外範囲
左AM-6時

1 範囲始点で<左AM-4時>とし、

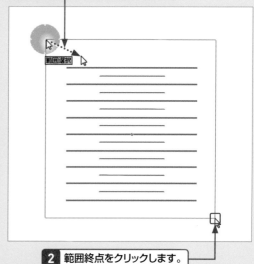

2 範囲終点をクリックします。

3 除外範囲始点で<左AM-6時>とし、

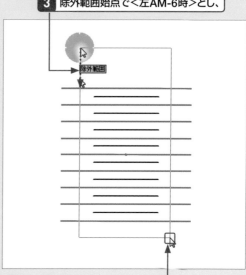

4 除外範囲終点をクリックします。

Q 163 追加範囲の指定で交差選択をしたい！

A 追加範囲や除外範囲の指定にも交差選択を使うことができます。

単一の図形や文字列の選択追加・解除が可能なように、交差選択による範囲指定でも追加・解除が可能です。選択方法を組み合わせて、効率的な編集作業を目指しましょう。　サンプル▶163.jww

● 交差選択を利用して追加選択を行う

1 ＜範囲＞をクリックし、

2 範囲始点をクリックして、

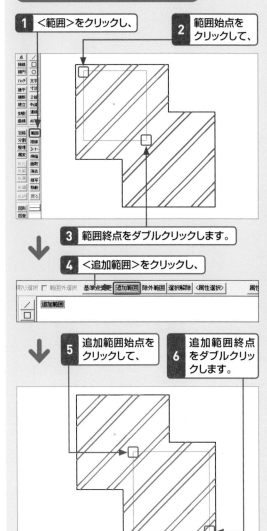

3 範囲終点をダブルクリックします。

4 ＜追加範囲＞をクリックし、

5 追加範囲始点をクリックして、

6 追加範囲終点をダブルクリックします。

● クロックメニューを使って選択する

クロックメニューで＜範囲＞コマンドの＜左AM-4時＞や、＜追加範囲＞コマンドの＜左AM-5時＞を実行した場合でも、終点の指示に＜ダブルクリック＞することで、交差選択を使用することができます。

追加範囲

左AM-5時

参照▶Q 160,161

1 範囲始点で＜左AM-4時＞とし、

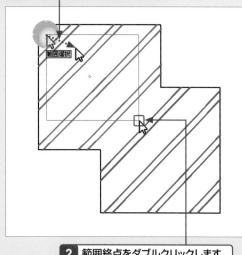

2 範囲終点をダブルクリックします。

3 追加範囲始点で＜左AM-5時＞とし、

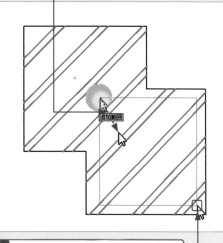

4 追加範囲終点をダブルクリックします。

Jw_cadの概要

基本操作と作図の準備

線と点の作図

図形の作図

図形の選択と削除

図形と線の編集

レイヤと属性

文字と寸法の入力

画像の配置と印刷

Jw_cadの便利な機能

Q 164 選択を解除したあとに もう一度選択したい!

A コントロールバーの＜選択解除＞と ＜前範囲＞を実行します。

選択した図形や文字列の選択を解除したいときには、コントロールバーの＜選択解除＞を実行します。また、直前の選択状態は記憶されているので、コントロールバーの＜前範囲＞を実行することで、再度選択することができます。

サンプル ▶ 164.jww

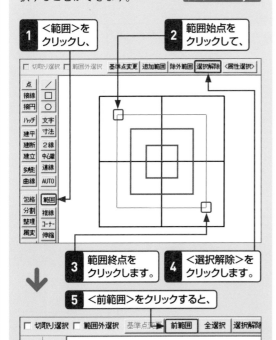

1 ＜範囲＞を クリックし、

2 範囲始点を クリックして、

3 範囲終点を クリックします。

4 ＜選択解除＞を クリックします。

5 ＜前範囲＞をクリックすると、

6 直前に選択した範囲を再選択します。

クロックメニューでの選択解除

クロックメニューでは＜選択解除＞は登録されていませんが、図形や文字列のないところで、選択操作をすることで、すでに選択されている図形や文字列の選択が解除されます。

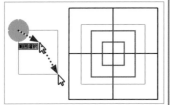

Q 165 直線の一部分を 選択したい!

A ＜切取り選択＞を指定して範囲選択 します。

＜切取り選択＞を利用すると、範囲指定した直線の一部分を切り取って選択することができます。

サンプル ▶ 165.jww

1 ＜範囲＞をクリックし、

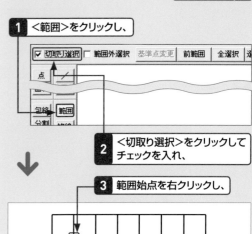

2 ＜切取り選択＞をクリックして チェックを入れ、

3 範囲始点を右クリックし、

4 範囲終点を右クリックします。

5 ＜消去＞をクリックします。

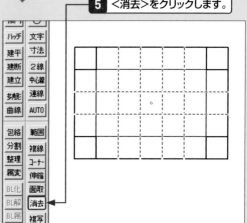

左余白の縦書き見出し:
Jw_cadの概要 / 基本操作と作図の準備 / 線と点の作図 / 図形の作図 / 図形の選択と削除 / 図形と線の編集 / レイヤと属性 / 文字と寸法の入力 / 画像の配置と印刷 / Jw_cadの便利な機能

Q166 線の属性で選択をしたい!

A 線色や線種などの属性を指定して選択することができます。

属性に条件を加えることで、選択した図形や文字列を、さらに絞り込んで選択することができます。

サンプル ▶ 166.jww

1 <範囲>をクリックし、

2 範囲始点をクリックして、

3 範囲終点をクリックします。

4 コントロールバーの<属性選択>をクリックし、

5 <指定【線色】指定>をクリックしてチェックを入れます。

6 <線色7>をクリックしてチェックを入れ、

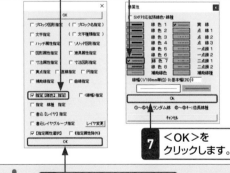

7 <OK>をクリックします。

8 <OK>をクリックします。

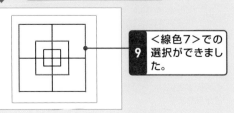

9 <線色7>での選択ができました。

Q167 どんな属性で選択できるのか知りたい!

A 「属性選択」画面から指定することができます。

ハッチング、ソリッド図形、円、文字などの属性でも選択の絞り込みが可能です。ここではハッチングを例にその選択方法を説明します。

サンプル ▶ 167.jww

1 範囲始点で<左AM-4時>とし、

2 範囲終点をクリックして、

3 <属性選択>をクリックします。

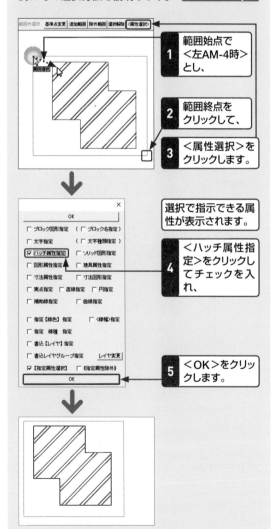

選択で指示できる属性が表示されます。

4 <ハッチ属性指定>をクリックしてチェックを入れ、

5 <OK>をクリックします。

属性選択

線色や線色での選択も可能ですが、ハッチングなどの特定の属性を持つものについては、その属性について絞り込むほうが簡単です。

Jw_cadの概要

基本操作と作図の準備

線と点の作図

図形の作図

図形の選択と削除

図形と線の編集

レイヤと属性

文字と寸法の入力

画像の配置と印刷

Jw_cadの便利な機能

113

Q 168 文字列を1つずつ追加選択／選択解除したい！

A 範囲指定で選択したあと該当の文字列を<右クリック>します。

範囲選択で文字列を選択した場合、選択不要な文字列や追加選択したい文字列がある場合があります。このようなケースでは、文字列の上で右クリックすることで、文字列の選択・選択解除を切り替えることができます。

サンプル▶168.jww

1 <範囲>をクリックし、

2 範囲始点をクリックして、

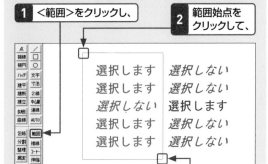

選択します	*選択しない*
選択します	*選択しない*
選択しない	選択します
選択します	*選択しない*
選択します	*選択しない*

3 範囲終点を右クリックします。

4 選択を解除する文字列を右クリックします。

選択します	*選択しない*
選択します	*選択しない*
選択しない	選択します
選択します	*選択しない*
選択します	*選択しない*

文字列の選択を追加する場合

文字列の選択を追加する場合は、選択を追加する文字列を右クリックします。

選択します	*選択しない*
選択します	*選択しない*
選択しない	選択します
選択します	*選択しない*
選択します	*選択しない*

Q 169 文字列だけを選択したい！

A 図形と文字列を選択したあと図形の選択を解除します。

範囲選択で範囲終点を指示する場合、クリックすると図形だけが選択され、右クリックすると図形と文字列が選択されます。

サンプル▶169.jww

1 範囲始点で<左AM-4時>とし、

2 範囲終点を右クリックします。

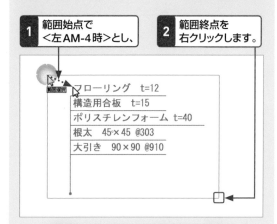

フローリング　t=12
構造用合板　t=15
ポリスチレンフォーム t=40
根太　45×45 @303
大引き　90×90 @910

3 これで図形と文字が選択されます。

4 続いて、除外範囲始点で<左AM-6時>とし、

5 除外範囲終点をクリックすると、文字列だけが選択されます。

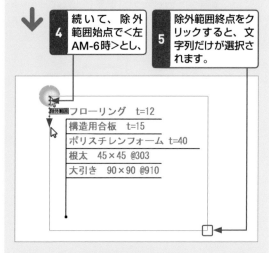

フローリング　t=12
構造用合板　t=15
ポリスチレンフォーム t=40
根太　45×45 @303
大引き　90×90 @910

範囲選択利用時の注意点

範囲選択において範囲終点をクリックで指示した場合は、図形だけが選択されます。右クリックで指示した場合は、図形と文字列が選択されます。文字列だけを選択するには、<属性選択>で<文字指定>する方法があります。

参照▶Q 167

Q170 簡単に文字列だけを選択したい!

A <文字>コマンドを使って範囲選択します。

<文字>コマンドを実行して文字列を含む範囲を指示すると、文字列だけが選択できます。

サンプル ▶ 170.jww

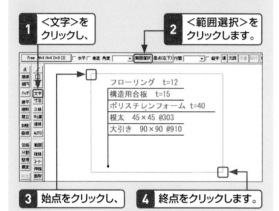

1 <文字>をクリックし、

2 <範囲選択>をクリックします。

```
フローリング    t=12
構造用合板      t=15
ポリスチレンフォーム  t=40
根太   45×45 @303
大引き  90×90 @910
```

3 始点をクリックし、

4 終点をクリックします。

Q171 連続線を選択したい!

A <範囲>コマンドを実行したあと連続する線を右クリックします。

<範囲>コマンドを実行後、選択する線を右クリックで指示します。つながっている線が選択される場合があるので、慎重に行います。

サンプル ▶ 171.jww

1 <範囲>をクリックし、

2 対象の連続線を右クリックします。

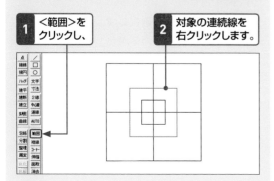

Q172 図形や文字列を1つずつ追加選択／解除したい!

A 図形はクリックで文字列は右クリックで選択を追加・除外できます。

選択の解除や追加は、図形や文字列を選択後、図形はクリック、文字列は右クリックで行えます。ここでは、図形と文字列を選択後、1つずつ選択を解除する方法を説明します。

サンプル ▶ 172.jww

1 範囲始点で<左 AM-4時>とし、

2 範囲終点を右クリックして、

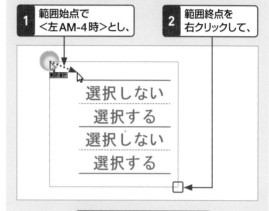

```
選択しない
選択する
選択しない
選択する
```

3 選択を解除する文字列を右クリックします。

```
選択しない
選択する
選択しない
選択する
```

4 選択を解除する線をクリックします。

```
選択しない
選択する
選択しない
選択する
```

Jw_cadの概要

基本操作と作図の準備

線と点の作図

図形の作図

図形の選択と削除

図形と線の編集

レイヤと属性

文字と寸法の入力

画像の配置と印刷

Jw_cadの便利な機能

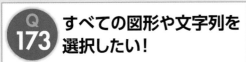

Q173 すべての図形や文字列を選択したい!

A <範囲>コマンドで<全選択>を実行します。

図形や文字列の関係なくすべてを選択します。

サンプル ▶ 173.jww

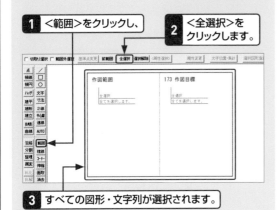

1 <範囲>をクリックし、

2 <全選択>をクリックします。

3 すべての図形・文字列が選択されます。

Q174 指定した範囲以外を選択したい!

A <範囲>コマンドで<範囲外選択>を選択します。

指定した範囲外の図形や文字列の選択は、<範囲外選択>を利用します。

サンプル ▶ 174.jww

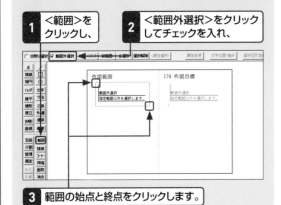

1 <範囲>をクリックし、

2 <範囲外選択>をクリックしてチェックを入れ、

3 範囲の始点と終点をクリックします。

Q175 範囲選択枠が斜めに表示される!

A 軸角が設定されているのが原因です。

突然、範囲選択枠が斜めに表示されて困ることがあります。原因は誤って軸角が設定されたことによるものです。ここでは、軸角が45度に設定されてしまった例で、解決方法を説明します。

サンプル ▶ 175.jww

● 軸角を45度に設定

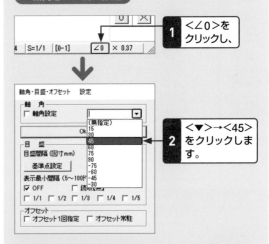

1 <∠0>をクリックし、

2 <▼>→<45>をクリックします。

● 範囲選択を実行する

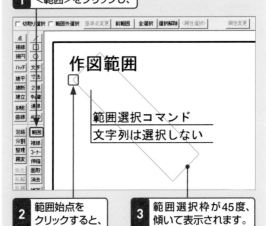

1 <範囲>をクリックし、

2 範囲始点をクリックすると、

3 範囲選択枠が45度、傾いて表示されます。

このような状況になった場合には、軸角の設定を<0度>または<無指定>にすることで、元に戻ります。

Q 176 線や円を消したい！

A <消去>コマンドを実行して図形の上で右クリックします。

線や円は、<消去>コマンドを実行し、図形の上で右クリックすることで、1つずつ消去することができます。

サンプル ▶ 176.jww

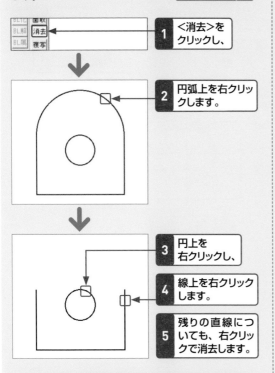

1 <消去>をクリックし、

2 円弧上を右クリックします。

3 円上を右クリックし、

4 線上を右クリックします。

5 残りの直線についても、右クリックで消去します。

線上でクリックした場合

<消去>コマンドを実行して、図形の上で右クリックすると、図形が削除されます。しかし、図形の上でクリックすると、図形が紫で表示されます。これは、次のQ.177で説明する<部分消去>の図形を指示したことになります。ここでは、Escキーを押してやり直しましょう。

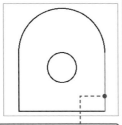

紫で表示されるのは、クリックしたためで、<部分消去>の実行状態になっています。

● クロックメニューを使って消去する

図形や文字列の上で、クロックメニュー<右AM-10時>を実行すると、その図形や文字列が削除され、<削除>コマンドが実行された状態が続きます。図形上でクロックメニュー<左AM-10時>を実行すると、次のQ.177で学習する<部分削除>となり、図形が紫で表示されます。図形や文字列のないところで、クロックメニューの<左AM-10時>または<右AM-10時>を実行すると、<図形がありません>と表示されますが、<削除>コマンドが実行された状態になります。

消去　左AM-10時　　消去　右AM-10時

1 図形上で<右AM-10時>とします。

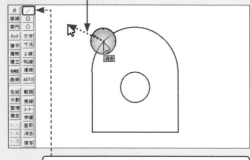

ファイルを開いた時点では</ >コマンドが実行されています。

2 線上を右クリックし、

3 円上を右クリックします。

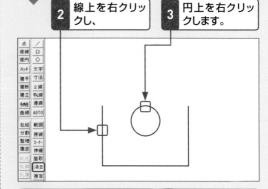

4 残りの直線についても、右クリックで消去します。

右側タブ：Jw_cadの概要／基本操作と作図の準備／線と点の作図／図形の作図／図形の選択と削除／図形と線の編集／レイヤと属性／文字と寸法の入力／画像の配置と印刷／Jw_cadの便利な機能

Q 177 線の一部を消去したい!

A <消去>コマンドを実行して線をクリックで指示します。

<消去>コマンドを実行して、線の上でクリックすると紫で表示されます。続いて、部分消去する始点と終点をクリックで指示します。　**サンプル▶ 177.jww**

1 <消去>をクリックし、

2 線上をクリックします。

3 範囲始点を右クリックし、

4 範囲終点を右クリックします。

● クロックメニューを使って部分消去する

1 線上で<左AM-10時>とし、

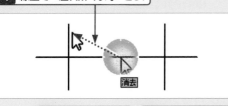

消去

2 範囲始点を右クリックして、

3 範囲終点を右クリックします。

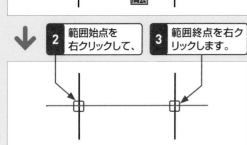

Q 178 円の一部を消去したい!

A <消去>コマンドを実行して円をクリックで指示します。

<消去>コマンドを実行して、円・円弧の上でクリックすると紫で表示されます。続いて、部分消去する始点と終点を、反時計回りで指示します。

サンプル▶ 178.jww

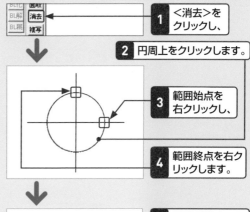

1 <消去>をクリックし、

2 円周上をクリックします。

3 範囲始点を右クリックし、

4 範囲終点を右クリックします。

5 円弧が消去されました。

6 手順**2**〜**4**を参考に反対側の円弧も消去します。

● クロックメニューを使って部分消去する

1 円周上で<左AM-10時>とし、

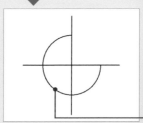

消去

2 範囲始点を右クリックして、

3 範囲終点を右クリックします。

Q 179 一部の文字列を消去したい！

A <消去>コマンドを実行して消去したい文字列で右クリックします。

文字列を消去する場合は、<消去>コマンドを実行して、文字列の上で右クリックします。

サンプル ▶ 179.jww

1 <消去>をクリックし、

消去します
消去します
残します
消去します
消去します

2 文字列上を右クリックします。

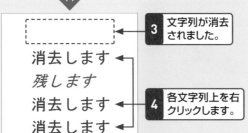

3 文字列が消去されました。

消去します
残します
消去します
消去します

4 各文字列上を右クリックします。

● クロックメニューを使って部分消去する

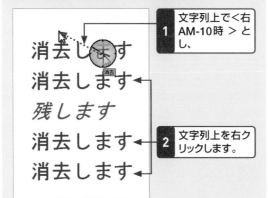

1 文字列上で<右 AM-10時 > とし、

消去します
消去します
残します
消去します
消去します

2 文字列上を右クリックします。

Q 180 区切られた区間の線を消去したい！

A <消去>コマンドを実行して<節間消し>を指示します。

直線や曲線で区切られた区間は、<節間消し>を実行すると、クリックするだけでその区間を削除することができます。

サンプル ▶ 180.jww

● 直線で節間消しをする

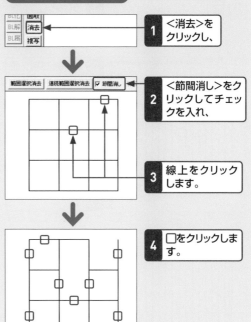

1 <消去>をクリックし、

2 <節間消し>をクリックしてチェックを入れ、

3 線上をクリックします。

4 □をクリックします。

● 円で節間消しをする

1 <消去>をクリックし、

2 <節間消し>をクリックしてチェックを入れ、

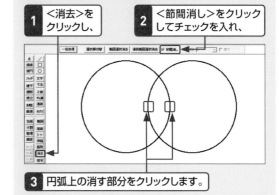

3 円弧上の消す部分をクリックします。

Jw_cadの概要

基本操作と作図の準備

線と点の作図

図形の作図

図形の選択と削除

図形と線の編集

レイヤと属性

文字と寸法の入力

画像の配置と印刷

Jw_cadの便利な機能

Q 181 部分消去をまとめて処理したい！

A <消去>コマンドを実行して<一括処理>を実行します。

2本の線で挟まれた部分を<部分消去>する場合には、<一括処理>を実行することで、まとめて処理することができます。

サンプル▶ 181.jww

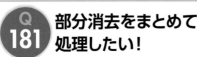

1 <消去>をクリックし、

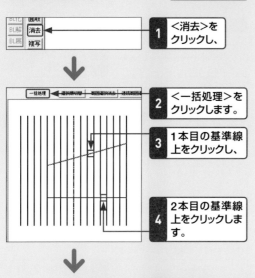

2 <一括処理>をクリックします。

3 1本目の基準線上をクリックし、

4 2本目の基準線上をクリックします。

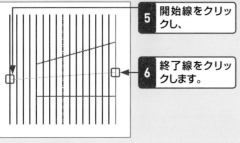

5 開始線をクリックし、

6 終了線をクリックします。

7 選択除外する線上をクリックし、

8 <処理実行>をクリックします。

Q 182 クロックメニューだけで消去したい！

A <左AM-10時><右AM-10時>で<消去>コマンドが実行できます。

クロックメニューを利用すると、ツールバーからではなく、作図画面でコマンドを実行するので快適な操作が可能です。

サンプル▶ 182.jww

1 任意点で<左AM-10時>とし、

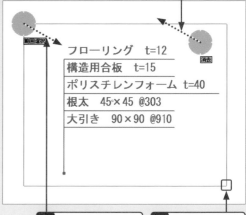

フローリング　　t=12
構造用合板　　t=15
ポリスチレンフォーム　t=40
根太　　45×45　@303
大引き　　90×90　@910

2 範囲始点で<左AM-4時>として、

3 範囲終点を右クリックします。

4 文字上を右クリックし、

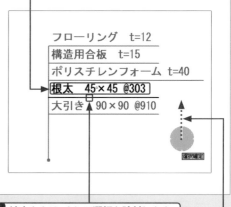

フローリング　　t=12
構造用合板　　t=15
ポリスチレンフォーム　t=40
根太　　45×45　@303
大引き　　90×90　@910

5 線上をクリックして選択を除外します。

6 任意点で<左AM-0時>とし、選択を確定します。

参照▶ Q 172

（左側縦帯）Jw_cadの概要　基本操作と作図の準備　線と点の作図　図形の作図　図形の選択と削除　図形と線の編集　レイヤと属性　文字と寸法の入力　画像の配置と印刷　Jw_cadの便利な機能

6

図形と線の編集

Jw_cadの概要

基本操作と作図の準備

線と点の作図

図形の作図

図形の選択と削除

図形と線の編集

レイヤと属性

文字と寸法の入力

画像の配置と印刷

Jw_cadの便利な機能

📖 複写と移動の基本・中級技　　　重要度 ★ ★ ★

Q 183 複写と移動とは？

A 元図形が残るか残らないかだけの違いでほぼ同じことです。

選択した図形や文字列は、複雑なものであっても簡単に複写や移動することができます。複写と移動は、図形や文字列が元の場所に残るか残らないかの違いであって、操作方法は同じです。操作方法が同じであるため、複写と移動を間違えることがありますが、直後であれば結果を変更することができます。

参照 ▶ Q 188

数値指定	参照 ▶ Q 184
マウス操作	参照 ▶ Q 185,186
属性変更	参照 ▶ Q 189,197
反転	参照 ▶ Q 191,192
回転	参照 ▶ Q 193
拡大／縮小	参照 ▶ Q 194〜Q 196
ほかのファイルから複写する	参照 ▶ Q 197

コマンドの実行は、下記のようにして行いますが、複写と移動は随時切り替えることができます。

図形や文字列を選択後、確定すると表示されます。＜複写＞をクリックしてチェックを入れると、＜複写＞モードになります。

クロックメニューによる複写・移動コマンド

＜左AM-7時＞
複写・移動コマンドが実行されます。

＜左PM-1時＞
複写・移動コマンドを実行した状態で、この操作をすると複写と移動モードが切替わります。

📄 複写と移動の基本・中級技　　　重要度 ★ ★ ★

Q 184 数値入力で位置を指定して複写／移動したい！

A 図形選択後に＜数値位置＞に相対座標で入力します。

複写／移動する図形や文字列を選択後、X,Y座標で複写／移動位置を入力します。　サンプル ▶ 184.jww

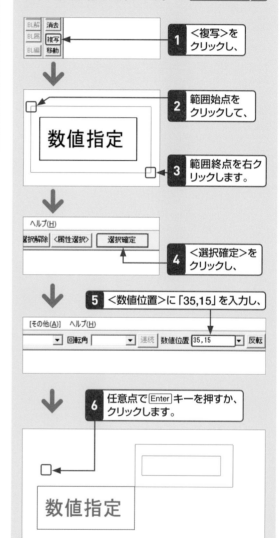

1 ＜複写＞をクリックし、

2 範囲始点をクリックして、

数値指定

3 範囲終点を右クリックします。

ヘルプ(H)
選択解除 ＜属性選択＞ 選択確定

4 ＜選択確定＞をクリックし、

5 ＜数値位置＞に「35,15」を入力し、

[その他(A)] ヘルプ(H)
▼ 回転角 ▼ 連続 数値位置 35,15 ▼ 反転

6 任意点で Enter キーを押すか、クリックします。

数値指定

座標入力

座標入力するとき、「35..15」と入力すると、「35,15」に変換されます。テンキーのあるキーボードでは入力が楽になります。
参照 ▶ Q 055

Q 185 マウスで場所を指定して複写／移動したい！

A 図形選択後の基準点の指示がポイントです。

マウス操作では、複写／移動する図形や文字列を選択後、複写／移動先を考慮して、基準点を指示することが重要です。

サンプル ▶ 185.jww

● マウスで図形と文字列の複写先を指示する

1 ＜複写＞をクリックし、

2 範囲始点をクリックして、

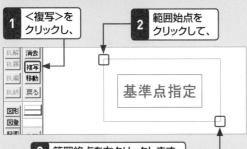

3 範囲終点を右クリックします。

4 ＜基準点変更＞をクリックし、

5 基準点となる左上頂点を右クリックして、

6 複写先となる右下頂点を右クリックします。

● マウスで図形の移動先を指示する

1 ＜移動＞を2回クリックし、

2 範囲始点をクリックして、

3 範囲終点をクリックします。

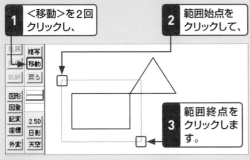

4 コントロールバーの＜基準点変更＞をクリックします。

---

5 基準点となる左上頂点を右クリックして、

6 移動先となる右下頂点を右クリックします。

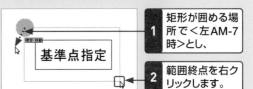

● クロックメニューで複写／移動する

1 矩形が囲める場所で＜左AM-7時＞とし、

2 範囲終点を右クリックします。

3 基準点となる頂点で＜右AM-0時＞とし、

4 移動先を右クリックします。

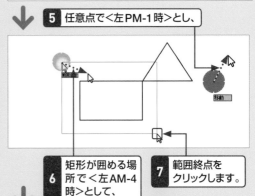

5 任意点で＜左PM-1時＞とし、

6 矩形が囲める場所で＜左AM-4時＞として、

7 範囲終点をクリックします。

8 基準点で＜右AM-0時＞とし、

9 複写先を右クリックします。

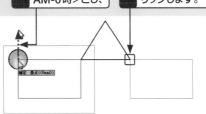

Jw_cadの概要

基本操作と作図の準備

線と点の作図

図形の作図

図形の選択と削除

図形と線の編集

レイヤと属性

文字と寸法の入力

画像の配置と印刷

Jw_cadの便利な機能

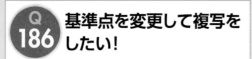

Q186 基準点を変更して複写をしたい！

A <基準点変更>をクリックしてから基準点を指示します。

範囲終点を指示したあとに表示される赤い〇は、仮の基準点（図形の重心）になっています。新たに基準点を指示して複写する場合は、複写先に応じて基準点を変更するのがポイントとなります。

サンプル ▶ 186.jww

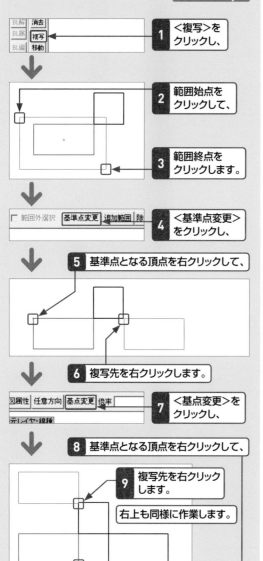

1 <複写>をクリックし、

2 範囲始点をクリックして、

3 範囲終点をクリックします。

4 <基準点変更>をクリックし、

5 基準点となる頂点を右クリックして、

6 複写先を右クリックします。

7 <基点変更>をクリックし、

8 基準点となる頂点を右クリックして、

9 複写先を右クリックします。

右上も同様に作業します。

Q187 等間隔で複数の複写をしたい！

A 1回複写後に<連続>をクリックします。

数値入力で複写先を指示する場合、最初に複写した間隔で、連続して複写します。

サンプル ▶ 187.jww

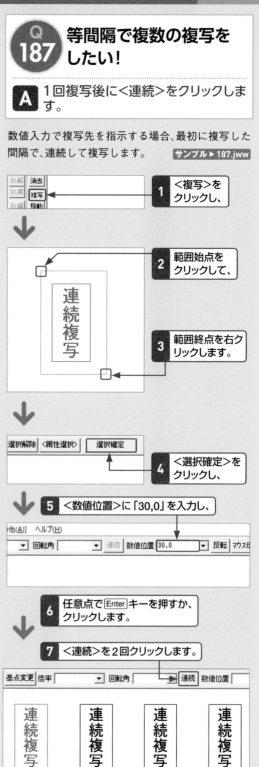

1 <複写>をクリックし、

2 範囲始点をクリックして、

3 範囲終点を右クリックします。

4 <選択確定>をクリックし、

5 <数値位置>に「30,0」を入力し、

6 任意点で Enter キーを押すか、クリックします。

7 <連続>を2回クリックします。

Q188 複写と移動を間違えて操作してしまった！

A 操作直後なら</>をクリックして変更できます。

複写と移動は操作がほぼ同じなので、間違えて操作することがあります。そんなときには操作結果を切り替えることができます。ここでは、複写を移動に変更してみましょう。　**サンプル▶188.jww**

1 矩形が囲める場所で<左AM-7時>とし、

2 範囲終点を右クリックします。

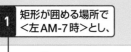

3 基準点となる頂点で<右AM-0時>として、

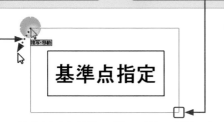

ファイル(F)　[編集(E)]　表示(V)
☑ 複写　/　作図属性　任意方

4 <複写>のチェックを確認し、

5 複写先を右クリックすると、複写されます。

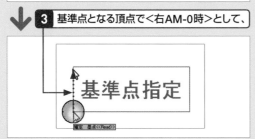

6 </>をクリックすると移動になります。

ファイル(F)　編集(E)　表示(V)
☑ 複写　/　作図属性　任意方

7 再度</>をクリックすると複写になります。

Q189 属性を変更して複写／移動をしたい！

A <作図属性>で複写／移動したときの属性を設定します。

複写／移動したときに、元図形とは異なる線種や線色、レイヤで作図することができます。設定は、複写／移動を完了する前に<作図属性>で行います。　**サンプル▶189.jww**

Q.185を参考に、長方形の左下の頂点を複写の基準点に指定します。

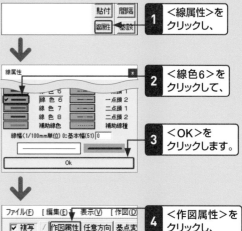

1 <線属性>をクリックし、

2 <線色6>をクリックして、

3 <OK>をクリックします。

4 <作図属性>をクリックし、

5 <●書込み【線色】で作図>をクリックしてチェックを入れ、

6 <OK>をクリックして、

7 複写先の矢印の先を右クリックします。

線色6に変更

125

Q 190 複写と移動をX・Y軸方向に制限したい!

A <作図方向>をクリックして制限する方向を選択します。

複写／移動方向の制限は、基準点を指定後、コントロールバーに表示される<任意方向>をクリックして、方向を選択します。

サンプル ▶ 190.jww

Q.185を参考に、<複写>コマンドで長方形を選択します。

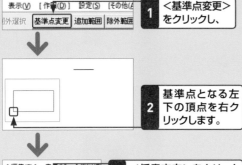

1 <基準点変更>をクリックし、

2 基準点となる左下の頂点を右クリックします。

3 <任意方向>をクリックして<X方向>を表示し、

複写方向がX軸方向に限定されます。

4 直線の右端を右クリックします。

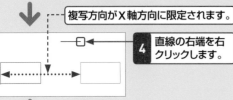

5 <X方向>をクリックして<Y方向>を表示し、

6 直線の左端を右クリックします。

切り替え操作

<任意方向>をクリックまたは、Space キーを押すたびに、<任意方向>→<X方向>→<Y方向>→<XY方向>が順次変更され、移動方向もそれぞれ制限されます。

Q 191 基準線について反転複写／移動をしたい!

A 図形を選択後に<反転>をクリックして反転基準線を指示します。

複写／移動する図形や文字列を選択後、<反転>をクリックし、反転基準線を指示します。

サンプル ▶ 191.jww

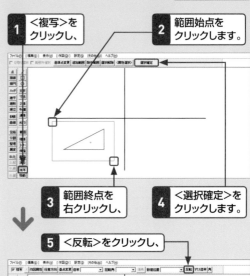

1 <複写>をクリックし、

2 範囲始点をクリックします。

3 範囲終点を右クリックし、

4 <選択確定>をクリックします。

5 <反転>をクリックし、

6 基準線となる水平線をクリックします。

7 <複写>をクリックしてチェックを外し、

8 <反転>をクリックして、

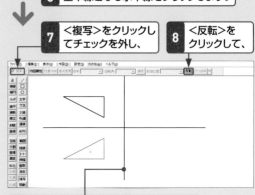

9 基準線となる鉛直線をクリックします。

Q 192
基準線の指定なしで 反転複写／移動したい！

A ＜倍率＞のX・Y値に＜-1＞を入力します。

反転複写して作図する場合は、タスクバーの＜倍率＞のX・Y値に「-1」を入力して、マイナス1倍することで反転します。

サンプル ▶ 192.jww

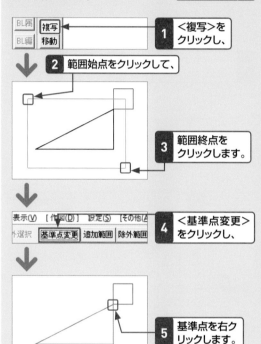

1 ＜複写＞をクリックし、

2 範囲始点をクリックして、

3 範囲終点をクリックします。

4 ＜基準点変更＞をクリックし、

5 基準点を右クリックします。

6 ＜倍率＞の＜▼＞→＜-1,1＞をクリックし、

7 複写先を右クリックします。

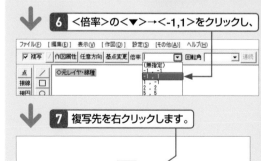

8 ＜倍率＞の＜▼＞→＜1,-1＞をクリックし、

9 複写先を右クリックします。

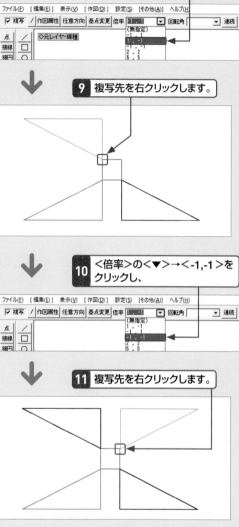

10 ＜倍率＞の＜▼＞→＜-1,-1＞をクリックし、

11 複写先を右クリックします。

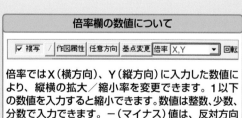

倍率欄の数値について

倍率ではX（横方向）、Y（縦方向）に入力した数値により、縦横の拡大／縮小率を変更できます。1以下の数値を入力すると縮小できます。数値は整数、少数、分数で入力できます。－（マイナス）値は、反対方向に拡大／縮小できます。

-1, 1	X軸方向に-1倍＝Y軸で反転します。
1, -1	Y軸方向に-1倍＝X軸で反転します。
-1, -1	180°反転と同じ結果になります。

Jw_cadの概要

基本操作と作図の準備

線と点の作図

図形の作図

図形の選択と削除

図形と線の編集

レイヤと属性

文字と寸法の入力

画像の配置と印刷

Jw_cadの便利な機能

左側の章見出し（縦書き）:
Jw_cadの概要 / 基本操作と作図の準備 / 線と点の作図 / 図形の作図 / 図形の選択と削除 / 図形と線の編集 / レイヤと属性 / 文字と寸法の入力 / 画像の配置と印刷 / Jw_cadの便利な機能

Q193 回転して複写／移動したい！

A ＜回転角＞に数値指定します。

基準点を回転の中心として、コントロールバーに表示される＜回転角＞に、反時計回りを＋（プラス）として入力します。

サンプル ▶ 193.jww

Q.185の手順**1**〜**3**を参考に、＜複写＞コマンドで長方形を選択します。

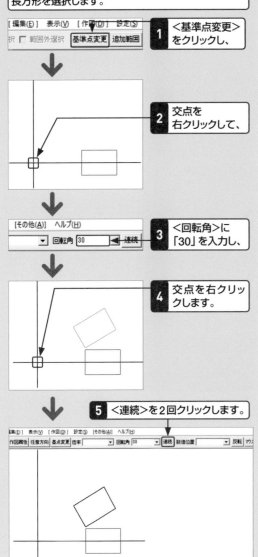

1 ＜基準点変更＞をクリックし、

2 交点を右クリックして、

3 ＜回転角＞に「30」を入力し、

4 交点を右クリックします。

5 ＜連続＞を2回クリックします。

Q194 倍率を数値入力して移動したい！

A ＜倍率＞に数値指定します。

複写／移動する図形や文字列を選択後、コントロールバーの＜倍率＞に数値入力することで、拡大／縮小して移動できます。ここではクロックメニューを使って拡大する方法を説明します。

サンプル ▶ 194.jww

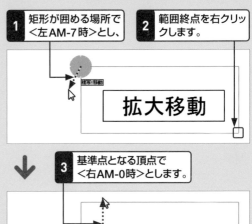

1 矩形が囲める場所で＜左AM-7時＞とし、

2 範囲終点を右クリックします。

3 基準点となる頂点で＜右AM-0時＞とします。

4 任意点で＜左PM-1時＞で＜移動＞に変更し、

5 ＜倍率＞に「2」を入力し、

6 左下角を右クリックします。

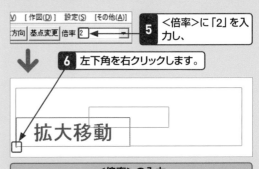

＜倍率＞の入力

通常はX,Yの2数を入力しますが、Jw_cadでは1数を入力した場合は、その値がX,Yに適用されます。

参照 ▶ Q 055,192

Q 195 文字列も拡大／縮小して移動したい！

A 選択後に＜作図属性＞をクリックして設定できます。

文字列を拡大／縮小して複写／移動する場合は、移動場所を指示する前に、「作図属性設定」画面で指定します。ここでは図形と文字列を拡大する方法を説明します。　　**サンプル ▶ 195.jww**

Q.194の手順**1**～**2**を参考に、＜複写＞コマンドで長方形と文字列を選択します。

1 基準点となる頂点で＜右AM-0時＞とします。

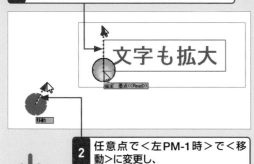

文字も拡大

2 任意点で＜左PM-1時＞で＜移動＞に変更し、

3 ＜倍率＞に「2」を入力し、

[編集(E)]　表示(V)　[作図(D)]　設定(S)　[その他(A)]　ヘルプ(H)
／ [作図属性] 任意方向 基点変更 倍率 [2 ▼] 回転角 [　]

4 ＜作図属性＞をクリックして、

作図属性設定
□【複写図形選択】　□ 倍率・角度継続
☑ 文字も倍率　　□ 点マーカも倍率
□ マウス倍率のときXY等倍
[　　　　Ok　　　　]
□ ●書込みレイヤグループに作図

5 ＜文字も倍率＞をクリックしてチェックを入れ、

6 ＜OK＞をクリックします。

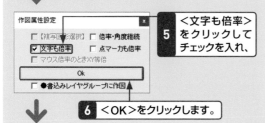

文字も拡大

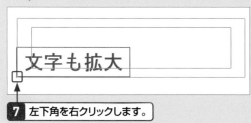

7 左下角を右クリックします。

Q 196 マウスで倍率を指示して拡大／縮小したい！

A ＜マウス倍率＞を実行してクリックで倍率を指定します。

マウスで倍率を指示する場合は、基準点を指示後、＜マウス倍率＞を実行し、基準点から元図形の大きさを示す点、複写／移動先の点と拡大／縮小率を指示します。　　**サンプル ▶ 196.jww**

1 矩形が囲める場所で＜左AM-7時＞とし、

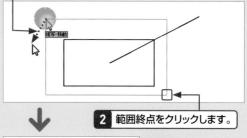

2 範囲終点をクリックします。

3 基準点となる端点で＜右AM-0時＞として、

4 任意点で＜左PM-1時＞で＜移動＞に変更し、

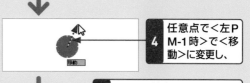

5 ＜マウス倍率＞をクリックし、

倍率 [　▼] 回転角 [　▼] 連続 数値位置 [　▼] [倍率][マウス倍率][角]

6 対角点となる頂点を右クリックします。

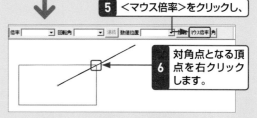

7 配置場所を右クリックし、

8 拡大率を示す端点を右クリックします。

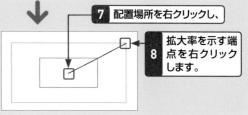

129

Q 197 ほかのファイルから複写したい！

A 図形の選択後に右ツールバーの＜コピー＞＜貼付＞を実行します。

同一の図面からの図形や文字列の複写だけではなく、ほかのJw_cadのファイルから、図形や文字列を複写して、編集中の図面に貼付けることができます。

● 別のファイルの図形をコピーしてそのまま貼り付ける

サンプル ▶ 197-1.jww ／ 197-2.jww

1 「197-1.jww」を開いて＜範囲＞をクリックし、

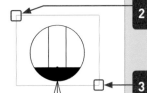

2 図形を囲める場所をクリックして、

3 範囲終点をクリックします。

4 ＜基準点変更＞をクリックし、

5 矢印の先端を右クリックして、

6 ＜コピー＞をクリックします。

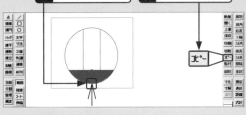

7 「197-2.jww」を開いて＜貼付＞をクリックし、

8 矢印の先端で右クリックします。

● コピーした図形を線色と拡大率を変えて貼り付ける

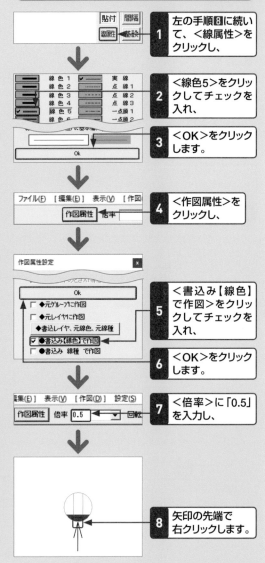

1 左の手順 **8** に続いて、＜線属性＞をクリックし、

2 ＜線色5＞をクリックしてチェックを入れ、

3 ＜OK＞をクリックします。

4 ＜作図属性＞をクリックし、

5 ＜書込み【線色】で作図＞をクリックしてチェックを入れ、

6 ＜OK＞をクリックします。

7 ＜倍率＞に「0.5」を入力し、

8 矢印の先端で右クリックします。

「作図属性設定」画面について

各項目にチェックを入れると設定が有効になります。

❶元図形と同じレイヤグループに作図します。
❷元図形と同じレイヤに作図します。
❸現在の書込みレイヤに元図形の線色、線種で作図します。
❹現在の書込み線色で作図します。
❺現在の書込み線種で作図します。

❶□ ◆元グループに作図
❷□ ◆元レイヤに作図
❸ ◆書込レイヤ、元線色、元線種
❹□ ●書込み【線色】で作図
❺□ ●書込み 線種 で作図

Q 198 複線とは？

A 既存の線と平行に線を複写します。

複線は、使用頻度の高い便利なコマンドで、既存線に対して平行に線を複写します。複線元に対して、片側だけと、両側に複線することができます。片側複線の場合、最後に複線方向を指示することを忘れないようにしましょう。

複線位置をマウスで指示する	参照 ▶ Q 199
複線間隔を数値入力する	参照 ▶ Q 200
線の長さを変えて複線する	参照 ▶ Q 201
円や円弧を複線する	参照 ▶ Q 202
一度に両側に複線する	参照 ▶ Q 203
連続する線を複線元とする	参照 ▶ Q 204
複数の線を選択して、一度に複線する	参照 ▶ Q 205
元線を消して、移動する	参照 ▶ Q 206

複線コマンドによる基本的な作図

片側複線	<複線間隔>を入力すると、赤の仮線が表示されるので、元線に対して複写する方向をクリックします。
両側複線	<複線間隔>を入力し、<両側複線>をクリックすると元線の両側に複線されます。

クロックメニューによる複線コマンドの実行

<左AM-11時>
複線する線上で実行すると、コマンドが実行され、<複線間隔>を入力するように求められます。

<右AM-11時>
複線する線上で実行すると、コマンドが実行され、<複線間隔>には直前の間隔が自動入力されます。

Q 199 マウスを使って複線位置を指示したい！

A 複線元の線を選択後に複線する位置をクリックします。

複線位置はクリックで指示します。最後に複線元に対して複線する方向を、クリックで指示することを忘れないようにしましょう。　**サンプル ▶ 199.jww**

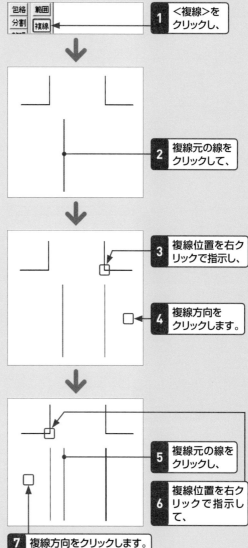

1　<複線>をクリックし、

2　複線元の線をクリックして、

3　複線位置を右クリックで指示し、

4　複線方向をクリックします。

5　複線元の線をクリックし、

6　複線位置を右クリックで指示して、

7　複線方向をクリックします。

複線位置を指示後、複線方向の指示を忘れないようにしましょう。

Jw_cadの概要

基本操作と作図の準備

線と点の作図

図形の作図

図形の選択と削除

図形と線の編集

レイヤと属性

文字と寸法の入力

画像の配置と印刷

Jw_cadの便利な機能

131

Jw_cadの概要

基本操作と作図の準備

線と点の作図

図形の作図

図形の選択と削除

図形と線の編集

レイヤと属性

文字と寸法の入力

画像の配置と印刷

Jw_cadの便利な機能

複線の基本操作　重要度 ★ ★ ★

Q 200 複線間隔を数値入力して複線したい！

A 複線元となる線をクリックで指示後に複線間隔を入力します。

複線元の指示は、クリックで指示すると複線間隔の入力が必要となり、右クリックで指示すると、直前の数値が複線間隔として入力されます。ここでは、複線距離を数値入力する方法を説明します。

サンプル ▶ 200.jww

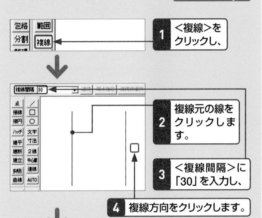

1 <複線>をクリックし、

2 複線元の線をクリックします。

3 <複線間隔>に「30」を入力し、

4 複線方向をクリックします。

5 複線元の線をクリックし、

6 <複線間隔>に「10」を入力して、

7 複線方向をクリックします。

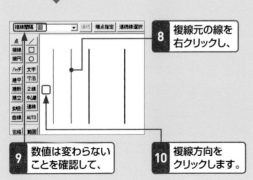

8 複線元の線を右クリックし、

9 数値は変わらないことを確認して、

10 複線方向をクリックします。

複線の基本操作　重要度 ★ ★ ★

Q 201 始点と終点を指示して複線したい！

A <端点指定>をクリックします。

平行に複線するだけでなく、始点と終点を指示して必要な長さの線を作図することができます。

サンプル ▶ 201.jww

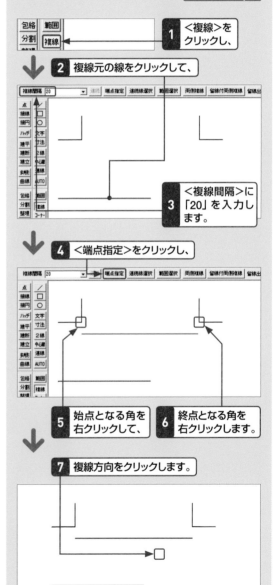

1 <複線>をクリックし、

2 複線元の線をクリックして、

3 <複線間隔>に「20」を入力します。

4 <端点指定>をクリックし、

5 始点となる角を右クリックして、

6 終点となる角を右クリックします。

7 複線方向をクリックします。

Q 202 円や円弧で複線したい!

A 直線と同様にして複線することができます。

円や円弧でも、直線と同じ手順で作図できます。

サンプル ▶ 202.jww

● 円の複線をする

1 <複線>をクリックし、

2 複線元の円をクリックします。

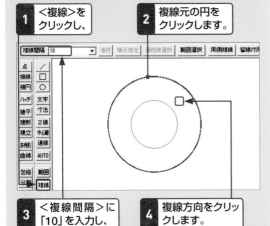

3 <複線間隔>に「10」を入力し、

4 複線方向をクリックします。

● 円弧や直線を続けての複線をする

1 直線上を右クリックし、

2 複線方向をクリックします。

3 円弧上を右クリックし、

4 複線方向をクリックします。

手順 **1** 〜 **2** を参考に、縦の線も複線しましょう。複線元を右クリックで指示すると、直前の数値が表示されるので、複線間隔の入力は不要です。

Q 203 基準線の両側に一度に複線したい!

A 基準線と複線間隔を指定後に<両側複線>を実行します。

両側複線を指示する場合、<両側複線>は基準線の両側に、等間隔で複線します。

サンプル ▶ 203.jww

1 <複線>をクリックし、

2 複線元の線をクリックします。

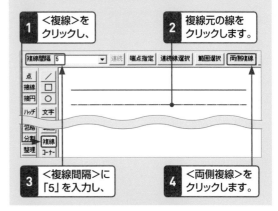

3 <複線間隔>に「5」を入力し、

4 <両側複線>をクリックします。

Q 204 連続する基準線について一度に複線したい!

A 基準線を選択後に<連続線選択>を実行します。

<連続線選択>で連続する線を基準線として選択します。

サンプル ▶ 204.jww

1 <複線>をクリックし、

2 複線元の線をクリックします。

3 <連続線選択>をクリックし、

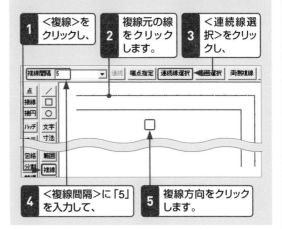

4 <複線間隔>に「5」を入力して、

5 複線方向をクリックします。

Jw_cadの概要

基本操作と作図の準備

線と点の作図

図形の作図

図形の選択と削除

図形と線の編集

レイヤと属性

文字と寸法の入力

画像の配置と印刷

Jw_cadの便利な機能

📈 複線の中級技　　重要度 ★ ★ ★

Q205 複線する線を複数選択して両側に複線したい！

A 複数の基準線を選択後に＜両側複線＞を実行します。

複数の基準線を選択して、まとめて複線することができます。

サンプル ▶ 205.jww

● 交差選択で基準線を選択する

1 ＜複線＞をクリックし、

2 ＜範囲選択＞をクリックします。

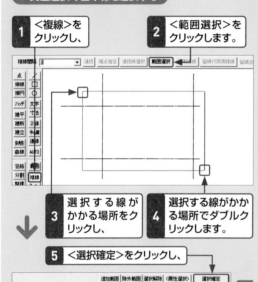

3 選択する線がかかる場所をクリックし、

4 選択する線がかかる場所でダブルクリックします。

5 ＜選択確定＞をクリックし、

6 ＜複線間隔＞に「5」を入力して、

7 ＜両側複線＞をクリックします。

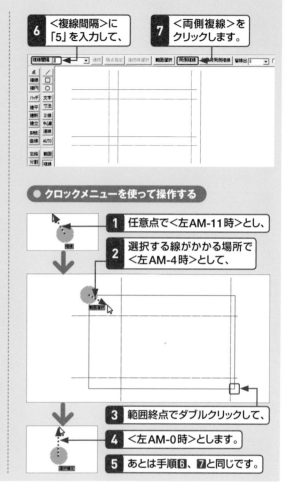

● クロックメニューを使って操作する

1 任意点で＜左AM-11時＞とし、

2 選択する線がかかる場所で＜左AM-4時＞として、

3 範囲終点でダブルクリックして、

4 ＜左AM-0時＞とします。

5 あとは手順 **6** 、 **7** と同じです。

📈 複線の中級技　　重要度 ★ ★ ★

Q206 間隔を指定して平行移動したい！

A ＜移動＞にチェックを入れて複線します。

線の平行移動のポイントは、＜移動＞にチェックを入れるだけですが、操作が終わったら、チェックを外すことを忘れないようにしましょう。

サンプル ▶ 206.jww

1 ＜複線＞をクリックし、

2 複線元の線でクリックして、

3 ＜移動＞をクリックしてチェックを入れます。

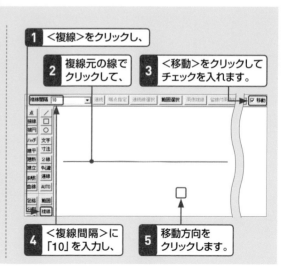

4 ＜複線間隔＞に「10」を入力し、

5 移動方向をクリックします。

Q 207 包絡処理とは？

A 交差する線分について関連のある部分を判断して連結処理をします。

包絡処理とは、RC造の平面図などで、柱と壁の連結操作など、関連のある線を連結し、不要な部分を削除することをいいます。処理する範囲の指定の仕方により結果が異なるので、指定に際しては注意が必要です。一方、線分連結や部分消去、線伸縮にも応用できるので、とても便利なコマンドです。

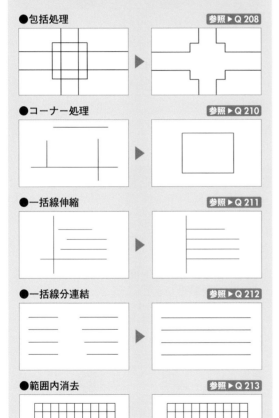

● 包括処理　　　　　　　　　　参照 ▶ Q 208

● コーナー処理　　　　　　　　参照 ▶ Q 210

● 一括線伸縮　　　　　　　　　参照 ▶ Q 211

● 一括線分連結　　　　　　　　参照 ▶ Q 212

● 範囲内消去　　　　　　　　　参照 ▶ Q 213

洗面・浴室　▶　洗面・浴室

● 中間部分の消去　　　　　　　参照 ▶ Q 214

Q 208 包絡処理をしてみたい！

A 範囲の指定の仕方で結果が異なるので気をつけましょう。

包絡処理では、＜包絡＞コマンドを実行します。その後、取込む辺や頂点を囲むように範囲を指示します。

サンプル ▶ 208.jww

1 ＜包絡＞をクリックし、

2 範囲始点をクリックして、

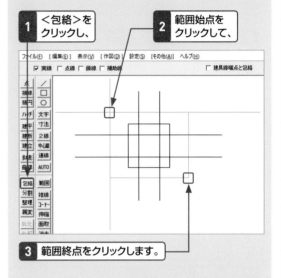

3 範囲終点をクリックします。

包絡処理の範囲

下図の赤い □ で示すように、範囲指定の位置により、包絡処理の結果が異なります。

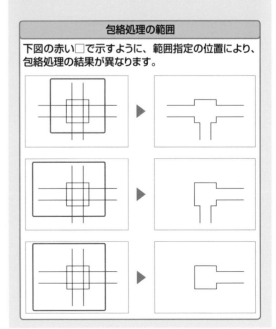

Jw_cadの概要

基本操作と作図の準備

線と点の作図

図形の作図

図形の選択と削除

図形と線の編集

レイヤと属性

文字と寸法の入力

画像の配置と印刷

Jw_cadの便利な機能

Jw_cadの概要

基本操作と作図の準備

線と点の作図

図形の作図

図形の選択と削除

図形と線の編集

レイヤと属性

文字と寸法の入力

画像の配置と印刷

Jw_cadの便利な機能

包絡処理の基本操作　　　　重要度 ★ ★ ★

Q209 同じ属性の線同士をまとめて処理したい!

A 包絡処理を行う線種を指定します。

包絡処理は、同じ属性を持つ線同士で行われます。初期設定では<実線>にチェックが入っています。該当する線種にチェックが入っていない場合は、包絡処理されません。　**サンプル▶209.jww**

● 複数の属性線を包絡処理する

1 <包絡>をクリックし、　**2** <点線>をクリックしてチェックを入れ、

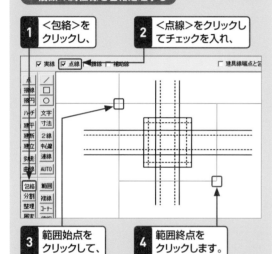

3 範囲始点をクリックして、　**4** 範囲終点をクリックします。

● クロックメニューを使って包絡処理する

1 矩形が囲める場所で<左AM-3時>とし、

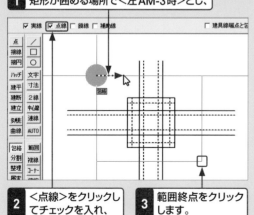

2 <点線>をクリックしてチェックを入れ、　**3** 範囲終点をクリックします。

包絡処理の基本操作　　　　重要度 ★ ★ ★

Q210 包絡処理コマンドでコーナー処理をしたい!

A 連結する線分の頂点を囲むように選択します。

処理するコーナーを1つずつ範囲指定しても包絡処理できますが、ここではまとめて処理します。

サンプル▶210.jww

1 <包絡>をクリックし、　**2** 範囲始点をクリックして、　**3** 範囲終点をクリックします。

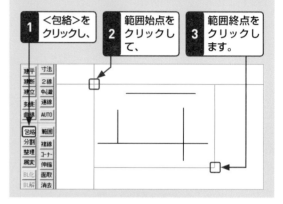

包絡処理の基本操作　　　　重要度 ★ ★ ★

Q211 包絡処理コマンドでまとめて線伸縮をしたい!

A 基準となる線と伸縮する端点を範囲選択します。

まとめて線伸縮を行う場合は、伸縮する頂点を囲むように範囲選択します。

サンプル▶211.jww

1 <包絡>をクリックし、　**2** 範囲始点をクリックして、　**3** 範囲終点をクリックします。

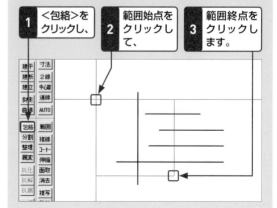

Q 212 包絡処理コマンドで線分連結をしたい！

A 連結する線分の頂点を範囲選択で囲みます。

連結したい線分は、範囲選択するだけで連結可能です。簡単に1本化することができ、とても便利な機能です。

サンプル ▶ 212.jww

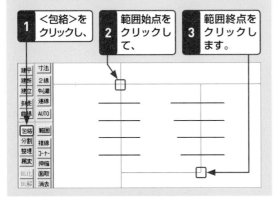

1 ＜包絡＞をクリックし、

2 範囲始点をクリックして、

3 範囲終点をクリックします。

Q 213 包絡処理コマンドで範囲内消去をしたい！

A 範囲内消去する範囲の終点を右クリックで指示します。

範囲内消去は、範囲終点を右クリックして、その部分を消去します。

サンプル ▶ 213.jww

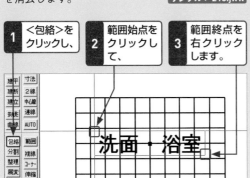

1 ＜包絡＞をクリックし、

2 範囲始点をクリックして、

3 範囲終点を右クリックします。

洗面・浴室

Q 214 包絡処理コマンドで中間消去をしたい！

A 中間消去する範囲の終点を Shift キー＋クリックで指示します。

中間消去を利用すれば、たとえば平面図の壁に穴を開ける場合などで使うなど、効率的な作図ができます。

サンプル ▶ 214.jww

● 中間消去をする

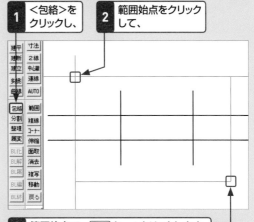

1 ＜包絡＞をクリックし、

2 範囲始点をクリックして、

3 範囲終点で、Shift キー＋クリックします。

● クロックメニューを使って中間消去する

1 縦線が囲める場所で＜左AM-3時＞とし、

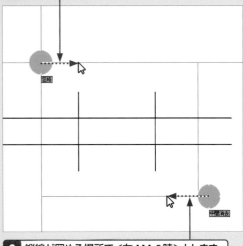

2 縦線が囲める場所で＜左AM-9時＞とします。

Jw_cadの概要

基本操作と作図の準備

線と点の作図

図形の作図

図形の選択と削除

図形と線の編集

レイヤと属性

文字と寸法の入力

画像の配置と印刷

Jw_cadの便利な機能

Q215 コーナー処理とは?

A 2本の線を結合させて角を作ります。

コーナー処理は、平行でない2本の線を伸縮して、角を作ります。2本の線の必要な部分と、必要な部分をつなぐようにクリックで指示します。

サンプル▶ 215.jww

1 <コーナー>をクリックし、

2 連結する線をクリックして、

3 もう一方の線をクリックします。

4 連結する線の必要な部分をクリックし、

5 もう一方の必要な部分をクリックします。

コーナー処理する線の指示

クリックしたところが残ります。

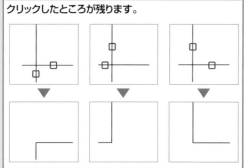

Q216 線分を切断してからコーナー処理をしたい!

A 切断部分で右クリックします。

<コーナー処理>コマンドを実行後、線上で右クリックすると、クリックした部分に○が表示され、切断されたことがわかります。この○を目安にコーナー処理を行ってください。なお、線上で右クリックするたびに線分は切断されます。不用意に右クリックしないように注意しましょう。サンプル▶ 216.jww

1 <コーナー>をクリックし、

2 <切断間隔>に「0」を入力して(すでに「0」の場合は不要)、

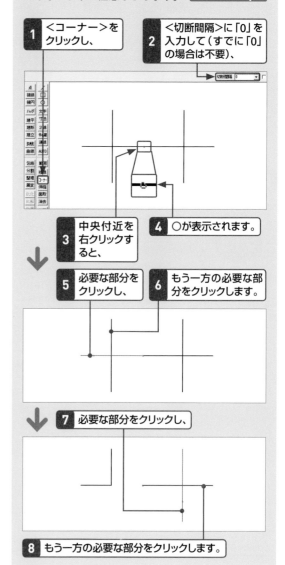

3 中央付近を右クリックすると、

4 ○が表示されます。

5 必要な部分をクリックし、

6 もう一方の必要な部分をクリックします。

7 必要な部分をクリックし、

8 もう一方の必要な部分をクリックします。

サイドバー（縦書き）:
Jw_cadの概要 / 基本操作と作図の準備 / 線と点の作図 / 図形の作図 / 図形の選択と削除 / 図形と線の編集 / レイヤと属性 / 文字と寸法の入力 / 画像の配置と印刷 / Jw_cadの便利な機能

Q217 切断間隔を指定したい！

A <切断間隔>に切断間隔を数値入力してから右クリックします。

切断は右クリックで行うだけでなく、切断長さを指定して切断・消去できます。　**サンプル▶ 217.jww**

1 <コーナー>をクリックし、

2 <切断間隔>に「10」を入力して、

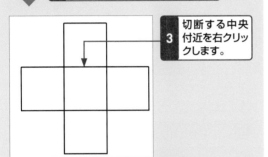

3 切断する中央付近を右クリックします。

4 ○を中心に10mmの長さで切断されました。

5 □で右クリックします。

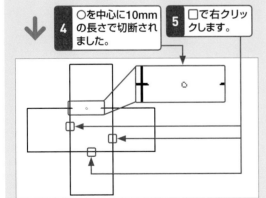

切断間隔の長さ

初期設定では、紙上の図寸で設定しますが、尺度を考慮した実寸で設定する場合は<実寸>をクリックしてチェックを入れます。　**参照▶ Q 037**

ファイル(F)　[編集(E)]　表示(V)　[作図(D)]　設定(S)　[その他(A)]　ヘルプ(H)

切断間隔 10 ▼ ☑ 実寸

Q218 同一線上の2本の線を1本化したい！

A 1本化する線を左クリックで指示します。

同一線上にある2本の線に、コーナー処理を実行すると、1本の線になります。線をつなぐ場合に使用します。　**サンプル▶ 218.jww**

1 <コーナー>をクリックし、

2 1本化する線上をクリックして、

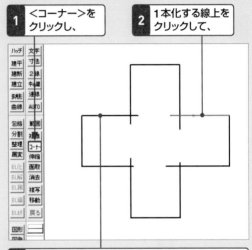

3 同一線上にある、1本化する線をクリックします。

4 1本化されました。

1本の線にしました

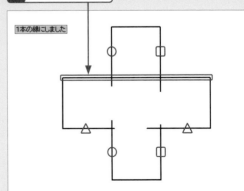

5 図に示した○の所をクリックします。

6 図に示した△の所をクリックします。

7 図に示した□の所をクリックします。

Jw_cadの概要

基本操作と作図の準備

線と点の作図

図形の作図

図形の選択と削除

図形と線の編集

レイヤと属性

文字と寸法の入力

画像の配置と印刷

Jw_cadの便利な機能

Jw_cadの概要

基本操作と作図の準備

線と点の作図

図形の作図

図形の選択と削除

図形と線の編集

レイヤと属性

文字と寸法の入力

画像の配置と印刷

Jw_cadの便利な機能

コーナー処理の基本と応用　　重要度 ★ ★ ★

Q 219 線の1本化ができない!

A 属性の異なる線は1本化できません。

同一線上にある線であっても、線種、線色、レイヤなどの属性が異なると、1本にすることはできません。ただし、コーナー処理は可能です。

サンプル ▶ 219.jww

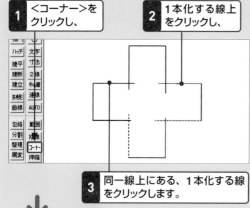

1 <コーナー>をクリックし、

2 1本化する線上をクリックし、

3 同一線上にある、1本化する線をクリックします。

4 <レイヤが異なります>と表示され、1本化できません。

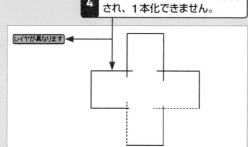

1本化できない理由

空白部分を右クリックすると、それぞれ理由が表示されます。

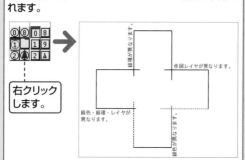

右クリックします。

コーナー処理の基本と応用　　重要度 ★ ★ ★

Q 220 角(かど)に角(かく)面取りをしたい!

A <面取>コマンドを実行して<角面>を指定します。

角面取りの方法には、<辺寸法>と<面寸法>があり、各寸法を<寸法>に入力します。

サンプル ▶ 220.jww

● 角面取り(辺寸法指定)をする

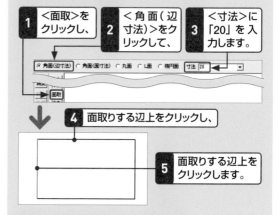

1 <面取>をクリックし、

2 <角面(辺寸法)>をクリックして、

3 <寸法>に「20」を入力します。

4 面取りする辺上をクリックし、

5 面取りする辺上をクリックします。

● 角面取り(面寸法指定)をする

1 前の手順5に続けて<角面(面寸法)>をクリックし、

2 面取りする辺上をクリックして、

3 面取りする辺上をクリックします。

角面取りの種類と寸法設定

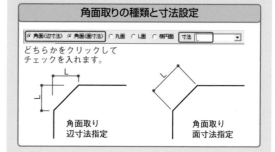

どちらかをクリックしてチェックを入れます。

角面取り
辺寸法指定

角面取り
面寸法指定

Q 221 角（かど）に丸面取りをしたい！

A <面取>コマンドを実行して<丸面>を指定します。

丸面取りには、表に膨らむ<丸面>と、丸く凹む<匙（さじ）面>があり、前者は半径を<寸法>にプラス値で、後者は半径をマイナス値で入力します。

サンプル ▶ 221.jww

● 丸面取りをする

1 <面取>をクリックし、

2 <丸面>をクリックして、

3 <寸法>に「15」を入力します。

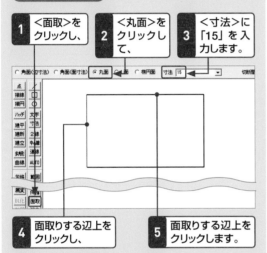

4 面取りする辺上をクリックし、

5 面取りする辺上をクリックします。

● 匙面取りをする

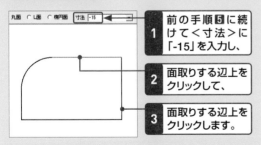

1 前の手順 5 に続けて<寸法>に「-15」を入力し、

2 面取りする辺上をクリックして、

3 面取りする辺上をクリックします。

丸面取りの種類と寸法設定

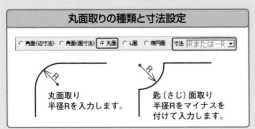

丸面取り
半径Rを入力します。

匙（さじ）面取り
半径Rをマイナスを付けて入力します。

Q 222 角（かど）にL面取りをしたい！

A <面取>コマンドを実行して<L面>を指定します。

面取りには、L字型に角が凹む<しゃくり面>があります。<寸法>に2数を入力しますが、先に指示した辺にX値、あとで指示した辺にY値が適用されます。

サンプル ▶ 222.jww

1 <面取>をクリックし、

2 <L面>をクリックして、

3 <寸法>に「5,10」を入力します。

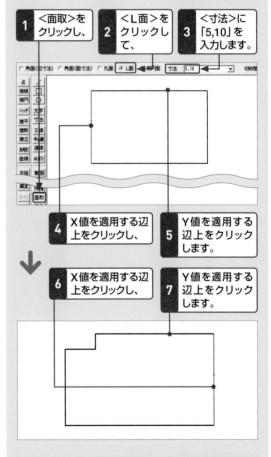

4 X値を適用する辺上をクリックし、

5 Y値を適用する辺上をクリックします。

6 X値を適用する辺上をクリックし、

7 Y値を適用する辺上をクリックします。

L面取りの寸法設定

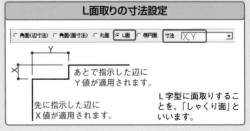

あとで指示した辺にY値が適用されます。

先に指示した辺にX値が適用されます。

L字型に面取りすることを、「しゃくり面」といいます。

Jw_cadの概要

基本操作と作図の準備

線と点の作図

図形の作図

図形の選択と削除

図形と線の編集

レイヤと属性

文字と寸法の入力

画像の配置と印刷

Jw_cadの便利な機能

141

Q 223 伸縮とは？

A 線の長さを伸ばしたり縮めたりします。

線を伸ばしたり、縮めたりすることを伸縮といいます。作図した線を正確に結合させる場合など使用頻度の高い操作です。伸縮の方法としては、ここで説明している、任意点を指定（参照）して伸縮させる方法のほかに、以下の伸縮があります。

線を切断してから伸縮	参照 ▶ Q 224
基準線を指定して伸縮	参照 ▶ Q 225,229
基準線を指定して多くの線をまとめて伸縮	参照 ▶ Q 226,227
点や線を基準として、そこから前後に指定した距離だけ突出して伸縮	参照 ▶ Q 227,228
円弧を伸縮	参照 ▶ Q 230
直線の端点を移動する	参照 ▶ Q 231

ファイル(F) 【編集(E) ❶ 表示(V) 【作図(D) ❷ 定(S) 【その他(A)】 ヘルプ(H) ❸

一括処理　突出寸法 0 　　　切断間隔 0

❶	一括処理	基準線について、複数の線分をまとめて伸縮することができます。
❷	突出寸法	伸縮を指定した点や基準線より、数値入力した寸法だけ突出させることができます。マイナス値を入力すると、縮むことになります。
❸	切断間隔	右クリックで線分を切断します。数値入力すると右クリックした位置を中心に、入力した間隔で切断・消去します。

クロックメニューによる伸縮コマンド

＜左AM-8時＞	＜右AM-8時＞	＜左AM-8時＞
伸縮コマンドが実行されます。線上で実行すると、伸縮する線が選択された状態になります。	伸縮コマンドが実行されます。線上で実行すると、その線が伸縮の基準線となります。	伸縮コマンドの実行中に、線上でこの操作をすると、その線の＜端点移動＞となります。

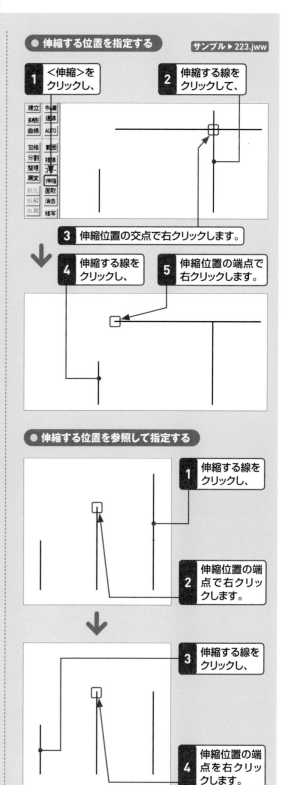

● 伸縮する位置を指定する　　サンプル ▶ 223.jww

1 ＜伸縮＞をクリックし、
2 伸縮する線をクリックして、
3 伸縮位置の交点で右クリックします。
4 伸縮する線をクリックし、
5 伸縮位置の端点で右クリックします。

● 伸縮する位置を参照して指定する

1 伸縮する線をクリックし、
2 伸縮位置の端点で右クリックします。
3 伸縮する線をクリックし、
4 伸縮位置の端点を右クリックします。

Q224 線分を切断してから伸縮をしたい!

A 切断部分で右クリックします。

<伸縮>コマンドを実行後、線上で右クリックすると、クリックした部分に赤〇が表示され、線を切断することができます。 **参照▶Q216** **サンプル▶224.jww**

1 <伸縮>をクリックし、

2 <切断間隔>に「0」を入力して（すでに「0」の場合は不要）、

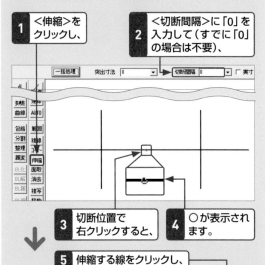

3 切断位置で右クリックすると、

4 〇が表示されます。

5 伸縮する線をクリックし、

6 伸縮位置の交点で右クリックします。

7 伸縮する線をクリックし、

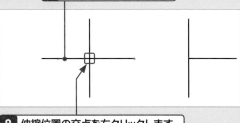

8 伸縮位置の交点を右クリックします。

伸縮する線の指示は、伸縮線の残す（必要な）部分に行います。

Q225 基準線を指示して複数の線を伸縮したい!

A 基準線を右ダブルクリックで指示します。

基準線を指示して線を伸縮する場合は、右ダブルクリックで基準線を指示し、続いて伸縮する線をクリックで指示します。このとき、伸縮する線分の残す（必要な）部分を指示します。 **サンプル▶225.jww**

● 基準線について伸縮する

1 <伸縮>をクリックし、

2 基準線で右ダブルクリックして、

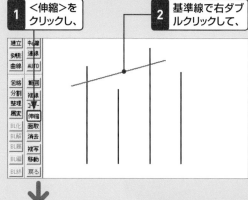

3 〇をクリックします。

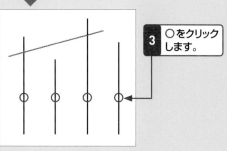

● クロックメニューで伸縮する

1 基準線で＜右AM-8時＞として、

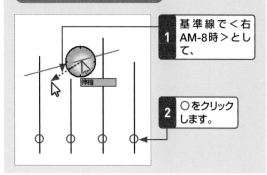

2 〇をクリックします。

Jw_cadの概要

基本操作と作図の準備

線と点の作図

図形の作図

図形の選択と削除

図形と線の編集

レイヤと属性

文字と寸法の入力

画像の配置と印刷

Jw_cadの便利な機能

Q226 たくさんの線をまとめて伸縮をしたい！

A ＜一括処理＞を実行します。

複数の線をまとめて伸縮する場合は、＜一括処理＞を実行して、基準線を指定後、伸縮する線の始まりと終わりを指示します。　サンプル▶226.jww

1 ＜伸縮＞をクリックし、

2 ＜一括処理＞をクリックして、

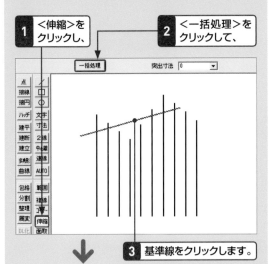

3 基準線をクリックします。

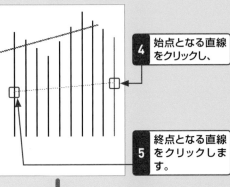

4 始点となる直線をクリックし、

5 終点となる直線をクリックします。

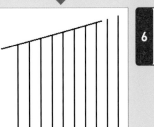

6 コントロールバーの＜処理実行＞をクリックします。

Q227 基準線よりも指定長だけ伸ばしたい！

A ＜突出寸法＞に伸ばしたい長さを入力します。

基準線よりも指定長だけ伸ばしたい場合は、＜突出寸法＞に、基準点（基準線）より伸ばす長さを図寸で入力します。　参照▶Q037　サンプル▶227.jww

1 ＜伸縮＞をクリックし、

2 ＜一括処理＞をクリックして、

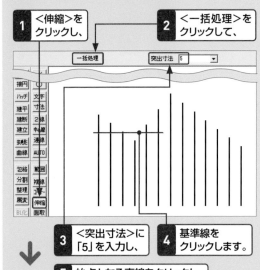

3 ＜突出寸法＞に「5」を入力し、

4 基準線をクリックします。

5 始点となる直線をクリックし、

6 終点となる直線をクリックします。

7 コントロールバーの＜処理実行＞をクリックします。

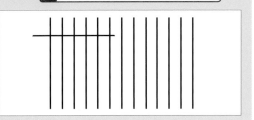

Q228 指定した点よりも指定長だけ縮めたい！

A <突出寸法>に縮めたい長さをマイナス値で入力します。

指定した点よりも指定長だけ縮めたい場合は、<突出寸法>に、基準点（基準線）より縮める長さ（マイナス値）を図寸で入力します。 **サンプル▶228.jww**

1 <伸縮>をクリックし、

2 <突出寸法>に「-2」を入力します。

一括処理　　突出寸法 -2

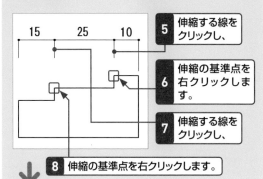

3 伸縮する線をクリックし、

4 伸縮の基準点を右クリックします。

5 伸縮する線をクリックし、

6 伸縮の基準点を右クリックします。

7 伸縮する線をクリックし、

8 伸縮の基準点を右クリックします。

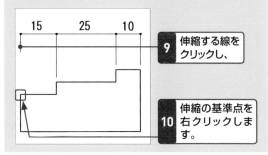

9 伸縮する線をクリックし、

10 伸縮の基準点を右クリックします。

Q229 短い線を基準線まで伸ばしたい！

A 基準線を右ダブルクリックで指示したあと伸ばす線を指示します。

基準線まで短い線を伸ばすとき、交点など基準となる点がない場合には、この方法が有効です。 **サンプル▶229.jww**

1 <伸縮>をクリックし、

2 基準線で右ダブルクリックして、

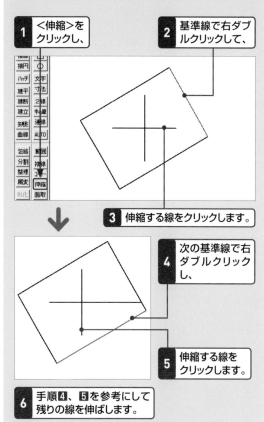

3 伸縮する線をクリックします。

4 次の基準線で右ダブルクリックし、

5 伸縮する線をクリックします。

6 手順4、5を参考にして残りの線を伸ばします。

● **クロックメニューで伸縮する**

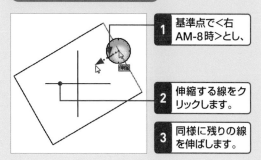

1 基準点で<右AM-8時>とし、

2 伸縮する線をクリックします。

3 同様に残りの線を伸ばします。

Jw_cadの概要

基本操作と作図の準備

線と点の作図

図形の作図

図形の選択と削除

図形と線の編集

レイヤと属性

文字と寸法の入力

画像の配置と印刷

Jw_cadの便利な機能

Q 230 円弧を伸縮したい!

A 直線と同様に操作します。

円弧も直線と同様に伸縮することができます。

サンプル ▶ 230.jww

1 水平線上で<右AM-8時>とし、

2 <切断間隔>に「0」を入力して(すでに「0」の場合は不要)、

3 円の切断位置で右クリックし、

4 さらに切断位置で右クリックします。

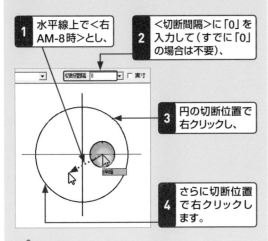

5 円弧を残す位置をクリックし、

6 円弧を残す位置をクリックします。

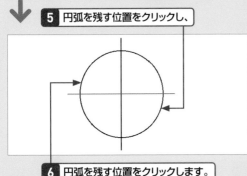

7 新たな基準線で右ダブルクリックし、

8 円弧を残す位置をクリックして、

9 円弧を残す位置をクリックします。

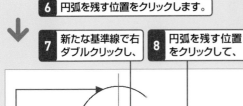

Q 231 直線の端点を移動したい!

A <伸縮>を実行中に線上で<端点移動>コマンドを実行します。

直線の端点を移動する場合は、<伸縮>コマンドの実行中に、線上で<左AM-8時>とクロックメニューを実行します。クロックメニューは、直線の中央より移動したい端点のある側で実行します。

サンプル ▶ 231.jww

1 <伸縮>をクリックし、

2 縦線の上部で<左AM-8時>とします。

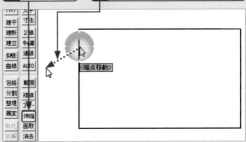

3 上辺の中央付近で<右AM-3時>とし、

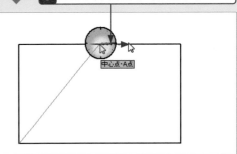

4 縦線の上部で<左AM-8時>として、

5 端点で右クリックします。

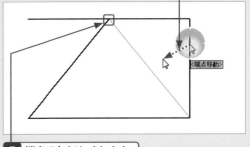

Q 232 パラメトリック変形とは？

A 図形の一部を変形するCADの便利な機能です。

頂点や辺を選択し移動すると、これらに接続している辺も同時に移動・変形することができます。

サンプル ▶ 232.jww

1 ＜パラメ＞をクリックし、

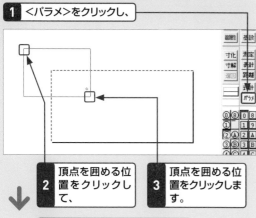

2 頂点を囲める位置をクリックして、

3 頂点を囲める位置をクリックします。

4 ＜基準点変更＞をクリックし、

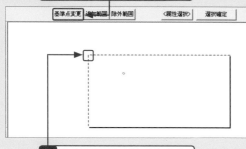

5 左上頂点を右クリックします。

6 上辺の中央付近で＜右AM-3時＞とし、

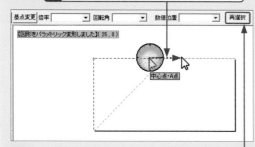

7 ＜再選択＞をクリックして変形を確定します。

Q 233 座標で変形位置を指定したい！

A 変形する辺や頂点を選択後に＜数値位置＞に相対座標で入力します。

座標で変形位置を指定したい場合は、移動する辺を選択後、＜数値位置＞に移動先を相対座標で入力します。

サンプル ▶ 233.jww

1 ＜パラメ＞をクリックし、

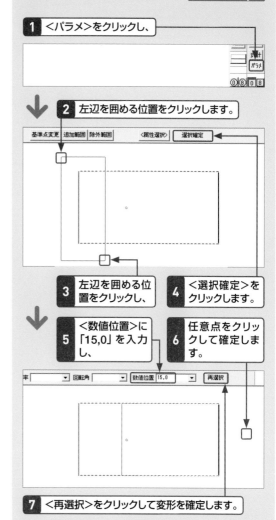

2 左辺を囲める位置をクリックします。

3 左辺を囲める位置をクリックし、

4 ＜選択確定＞をクリックします。

5 ＜数値位置＞に「15,0」を入力し、

6 任意点をクリックして確定します。

7 ＜再選択＞をクリックして変形を確定します。

パラメトリック変形の確定

手順**6**のあとは必ず＜再選択＞をクリックするか、ほかのコマンドを実行して変形を確定しましょう。変形を確定せずに別の場所をクリックすると、その位置に変形されてしまいます。

Jw_cadの概要

基本操作と作図の準備

線と点の作図

図形の作図

図形の選択と削除

図形と線の編集

レイヤと属性

文字と寸法の入力

画像の配置と印刷

Jw_cadの便利な機能

左側タブ（縦書き）:
- Jw_cadの概要
- 基本操作と作図の準備
- 線と点の作図
- 図形の作図
- 図形の選択と削除
- 図形と線の編集
- レイヤと属性
- 文字と寸法の入力
- 画像の配置と印刷
- Jw_cadの便利な機能

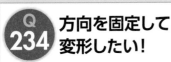

Q234 方向を固定して変形したい！

A ＜XY方向＞ボタンをクリックして＜X方向＞や＜Y方向＞に変更します。

変形する方向を＜X方向＞や＜Y方向＞に固定することで、ほかの点を参照して指示することができます。

サンプル ▶ 234.jww

1 ＜パラメ＞をクリックし、

2 頂点と文字を囲める位置をクリックして、

3 頂点と文字を囲める位置で右クリックします。

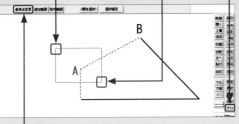

4 ＜基準点変更＞をクリックします。

5 A点を右クリックし、

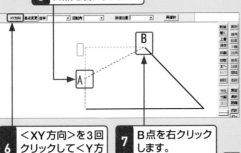

6 ＜XY方向＞を3回クリックして＜Y方向＞を表示し、

7 B点を右クリックします。

移動方向の固定

＜XY方向＞をクリックまたは、Spaceキーを押すたびに、＜XY方向＞→＜任意方向＞→＜X方向＞→＜Y方向＞と、順次変更されます。それぞれの移動方向は以下のとおりです。

XY方向	X軸またはY軸方向のみに制限されます。
任意方向	制限なく、自由に移動することができます。
X方向	X軸方向のみに制限されます。
Y方向	Y軸方向のみに制限されます。

8 ＜再選択＞をクリックし、

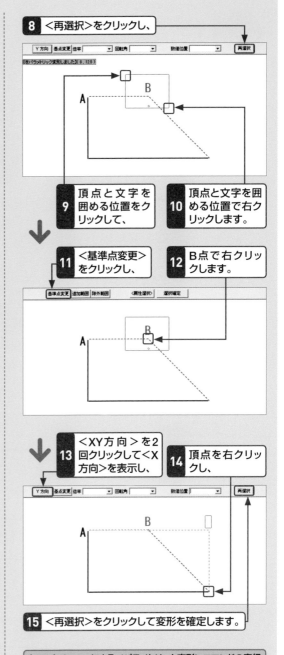

9 頂点と文字を囲める位置をクリックして、

10 頂点と文字を囲める位置で右クリックします。

11 ＜基準点変更＞をクリックし、

12 B点で右クリックします。

13 ＜XY方向＞を2回クリックして＜X方向＞を表示し、

14 頂点を右クリックし、

15 ＜再選択＞をクリックして変形を確定します。

クロックメニューによる＜パラメトリック変形＞コマンドの実行

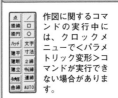

作図に関するコマンドの実行中には、クロックメニューで＜パラメトリック変形＞コマンドが実行できない場合があります。

＜左PM-0時＞
コマンドの実行と同時に、範囲の始点が指定されます。

7

レイヤと属性

Q 235 レイヤとその利点とは?

A CADを使う上でとても重要な機能の1つです。

レイヤ(Layer：層)とは、CADで作図するときに線や文字列を書込む透明な用紙のことで、たくさんの用紙が「層」となっています。

下図の例は「建具」レイヤ、「設備・家具」レイヤ、「躯体」レイヤと名付けられた3枚のレイヤに、それぞれ該当する線を書込んだもので、モニター上にはそれぞれのレイヤに書かれた線が表示されています。このとき、「設備・家具」レイヤを「非表示」になるように指示すると、画面上には「設備・家具」レイヤに書かれた線が表示されなくなります。表示されていないだけで、データそのものは残っているので、いつでも表示することができます。

同様にほかのレイヤを非表示に指定することもできます。これは、印刷操作においても同じです。出力先がモニターからプリンタに変わっただけで、印刷するレイヤを自由に指定することができます。

このように作図目的に応じて、作図する「層＝レイヤ」を表示／非表示にすることで、作図・編集や印刷作業を効率的に行うことができます。また、表示／非表示を切り替えて、目的外の線や文字列をまとめて操作することができ、1つの図面をいろいろな目的で使い分けることができます。

レイヤを使い分けて作図し、レイヤを制御することは、CADを使いこなしていく上でとても重要です。レイヤ管理には、次のような操作が大切です。

レイヤ・レイヤグループの作図状況の確認	参照 ▶ Q 237,243,246
書込みレイヤ・レイヤグループの指定	参照 ▶ Q 239
レイヤ・レイヤグループに名前をつける	参照 ▶ Q 244
レイヤ・レイヤグループの表示状態の変更	参照 ▶ Q 240,241,247,248
レイヤ・レイヤグループにロックをかける	参照 ▶ Q 242

ちなみに、オートデスクのAutoCADでは、「画層」と呼ばれていますが、同じものです。

すべてのレイヤが表示されている

「設備・家具」レイヤが表示されていない

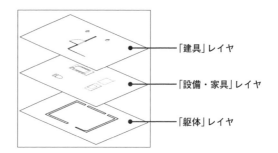

「建具」レイヤ

「設備・家具」レイヤ

「躯体」レイヤ

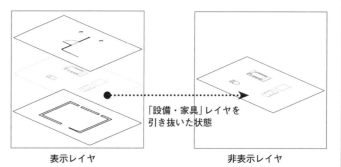

「設備・家具」レイヤを引き抜いた状態

表示レイヤ　　　　　　　非表示レイヤ

CADのレイヤの概念

レイヤと属性

Q236 Jw_cadのレイヤ・レイヤグループとは？

A 16レイヤでレイヤグループを構成しています。

Jw_cadでは、16枚のレイヤを1つのまとまりとして、レイヤグループと呼んでいます。そして、このレイヤグループは16個あるので、

16レイヤ×16レイヤグループ＝256レイヤ

のレイヤが用意されています。

ほかのCADソフトでは、レイヤグループの考え方は見られませんが、Jw_cadでは、レイヤグループを構成することで、次のような特徴を持っています。

・レイヤグループごとに、表示／非表示を切り替えることができます。
・レイヤグループごとに、尺度の設定をすることができます。

・レイヤグループごとに、名前を付けることができます。

このような特徴から、レイヤグループごとに平面図や立面図などを書き分けて、1つファイルの中に各種の図面を共存することもできます。
レイヤやレイヤグループの表示／非表示の操作は画面右下にある、レイヤバーやレイヤグループバーの該当する番号をクリックして操作します。

参照 ▶ Q 238,239

レイヤ・レイヤグループ番号が0〜Fなのは…

番号は、単純にコンピュータの数字の扱い方によるものです。コンピュータの中では、0と1だけの2進数が使用されています。しかし、これでは桁数が多すぎて、人には理解しにくいものとなります。そこで4桁の2進数を一群とすると、16個が1つの単位となります。この16個に、2進数の最小値の0からはじまり、10にはアルファベットのAを代用して、順次15に対応するFまでとなります。

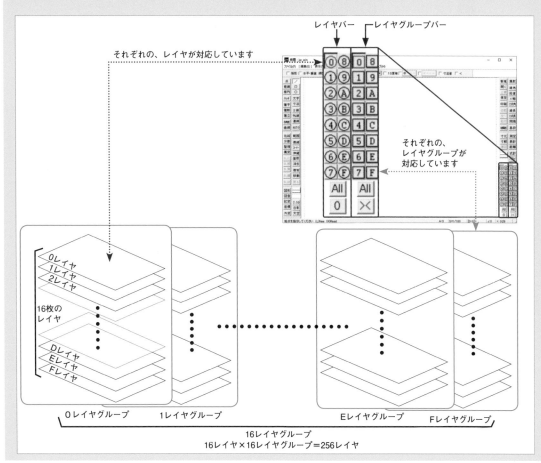

151

Jw_cadの概要

基本操作と作図の準備

線と点の作図

図形の作図

図形の選択と削除

図形と線の編集

レイヤと属性

文字と寸法の入力

画像の配置と印刷

Jw_cadの便利な機能

Q 237 レイヤ・レイヤグループの作図状況を確認したい！

A 書込みレイヤ・レイヤグループ番号を右クリックします。

凹んで表示されている、書込みレイヤ、書込みレイヤグループ番号を、右クリックすると、「レイヤ一覧」「レイヤグループ一覧」画面が表示されます。

サンプル ▶ 237.jww

● レイヤの作図状況の確認

1 凹んで表示されている＜⓪＞を右クリックします。

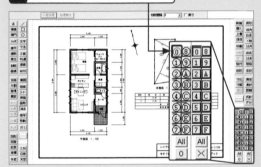

2 「レイヤ一覧」画面が表示されます。

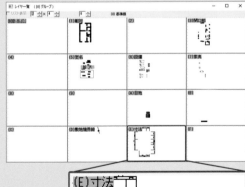

3 ＜レイヤ番号＞、＜レイヤ名＞、内容が表示されています。

(E)寸法

4 レイヤ一覧ウィンドウで、＜両ボタンドラッグ右下＞を実行すると、

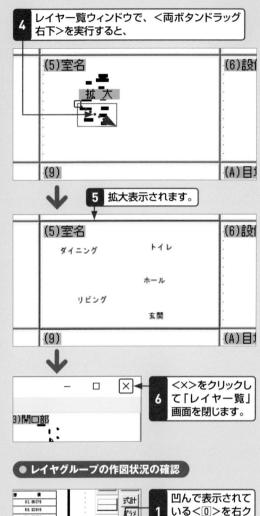

(5)室名　　　(6)設備

拡　大

(9)　　　(A)目地

5 拡大表示されます。

(5)室名　　　(6)設備

ダイニング　　　トイレ

ホール

リビング

玄関

(9)　　　(A)目地

6 ＜×＞をクリックして「レイヤ一覧」画面を閉じます。

3)開口部

● レイヤグループの作図状況の確認

1 凹んで表示されている＜⓪＞を右クリックします。

2 ＜レイヤグループ一覧＞が表示されます。

Q238 レイヤ・レイヤグループの表示／非表示とは？

A レイヤバー・レイヤグループバーで表示／非表示を確認することができます。

画面右下のレイヤバーとレイヤグループバーには、レイヤやレイヤグループの表示／非表示だけでなく、文字列データと図形データの書込み状況など、多くの情報が表示されています。 **サンプル ▶ 238.jww**

レイヤバー・レイヤグループバーの番号表示

プロテクトレイヤ（表示状態を含める）
このレイヤにあるデータは編集できないだけではなく、表示／非表示も変更することはできません。

プロテクトレイヤ
このレイヤにあるデータは編集することができませんが、表示／非表示は変更できます。

書込みレイヤ
凹んで表示され、線や文字列を書込める状態になっているレイヤです。各レイヤグループに1つだけあります。ほかの表示レイヤを右クリックすると、そのレイヤが書込みレイヤになります。

表示レイヤ
通常どおり表示され、このレイヤ上にあるデータは編集することができます。

書込みレイヤグループ
線や文字列を書込む状態になっているレイヤグループです。

非表示レイヤ
表示されていないレイヤです。データがあっても見えないだけでなく、編集することもできません。

表示のみレイヤ
グレーで薄く表示されますが、編集することはできません。

表示のみレイヤグループ
グレーで薄く表示されますが、編集することはできません。

レイヤバー・レイヤグループバーによる表示状態

非表示レイヤ
＜0＞レイヤ、＜B＞レイヤに作図されている線や文字列は表示されていません。印刷しても、このレイヤのデータは何も印刷されません。

表示のみレイヤ
＜C＞レイヤに作図されている、車などはグレーで薄く表示されますが編集はできません。このまま印刷すると、薄いグレーで印刷されます。

表示のみレイヤグループ
＜F＞レイヤグループに作図されている、図枠や表題欄はグレーで薄く表示されますが、編集はできません。このまま印刷すると、薄いグレーで印刷されます。

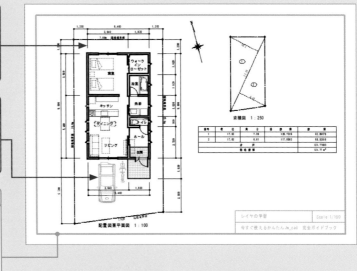

153

Jw_cadの概要

基本操作と作図の準備

線と点の作図

図形の作図

図形の選択と削除

図形と線の編集

レイヤと属性

文字と寸法の入力

画像の配置と印刷

Jw_cadの便利な機能

 レイヤの基本知識　　　重要度 ★ ★ ★

Q 239 書込みレイヤ・レイヤグループを指定したい!

A 書込みレイヤにしたいレイヤバーの番号で右クリックします。

レイヤバーの凹んだ状態で表示されている番号が書込み状態になっているレイヤになります。

サンプル ▶ 239.jww

現在のレイヤグループの縮尺は＜1/100＞です。

現在の書込みレイヤ＜1＞が、凹んで表示されています。

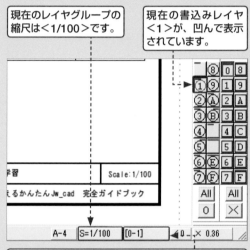

Scale:1/100

A-4　S=1/100　[0-1]　∠0　× 0.36

現在の書込みレイヤグループは＜0＞、レイヤは＜1＞であることが表示されています。

このレイヤを変更するには、レイヤ番号で右クリックします。なお、書込みレイヤに設定されているレイヤ番号で右クリックすると、「レイヤ一覧」画面が表示されます。

参照 ▶ Q 237

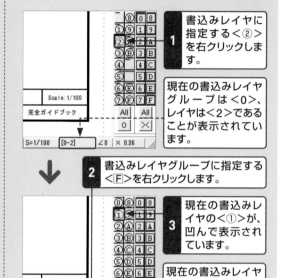

1 書込みレイヤに指定する＜②＞を右クリックします。

現在の書込みレイヤグループは＜0＞、レイヤは＜2＞であることが表示されています。

2 書込みレイヤグループに指定する＜F＞を右クリックします。

3 現在の書込みレイヤの＜①＞が、凹んで表示されています。

現在の書込みレイヤグループは＜F＞、レイヤは＜1＞であることが表示されています。

現在のレイヤグループの縮尺は＜1/1＞です。

 レイヤの基本知識　　　重要度 ★ ★ ★

Q 240 レイヤ・レイヤグループの表示／非表示を変更したい!

A レイヤ・レイヤグループバーの番号の上をクリックします。

個々のレイヤ・レイヤグループの表示／非表示を変更するには、変更するレイヤ番号、レイヤグループ番号の上をクリックします。

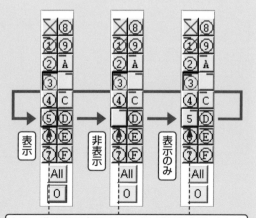

表示／非表示を変更するレイヤ番号をクリックします。クリックするたびに、＜表示＞→＜非表示＞→＜表示のみ＞が順次変更、循環します。

Q 241 レイヤ・レイヤグループの表示をまとめて変更したい!

A レイヤ・レイヤグループバーの＜All＞をクリックします。

＜All＞をクリックすることで、書込みレイヤ以外のレイヤ表示をまとめて変更することができます。なお、＜プロテクトレイヤ（表示状態を含める）＞については、表示状態の変更はできません。

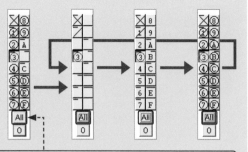

＜All＞をクリックします。＜書込みレイヤ＞と、＜プロテクトレイヤ（表示状態を含める）＞以外のすべてのレイヤが、＜All＞をクリックするたびに、＜非表示＞→＜表示のみ＞→＜表示＞が順次変更、循環します。

Q 242 プロテクトレイヤとは？

A 作図内容を変更できないようにロックしたレイヤです。

プロテクトレイヤとは、レイヤにロック（鍵）をかけて、そのレイヤに書かれた内容を変更できなくする機能です。レイヤの表示状態にもロックをかけて変更できない＜プロテクトレイヤ（表示状態を含める）＞と、レイヤの表示状態は変更できる＜プロテクトトレイヤ＞があります。レイヤグループにも、同様にしてプロテクトをかけることができます。

● **プロテクトレイヤを設定／解除する**

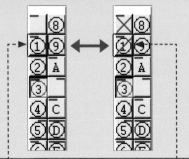

プロテクトをかける（解除する）レイヤ番号の上で、Ctrl キー＋クリックします。

レイヤ番号や＜All＞をクリックして、レイヤの表示状態を変更することができます。 参照▶Q 240.241

● **プロテクトレイヤ（表示状態を含める）を設定／解除する**

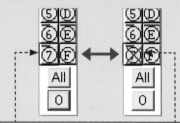

表示状態を含めてプロテクトをかける（解除する）レイヤ番号の上で、Shift キー＋ Ctrl キー＋クリックします。

レイヤ番号や＜All＞をクリックしても、レイヤの表示状態を変更することはできません。 参照▶Q 240.241

● **レイヤの表示状態を変更した場合**

＜×＞のレイヤは表示状態が変わりませんが、＜／＞のレイヤは表示状態が変わります。

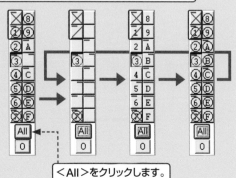

＜All＞をクリックします。

Jw_cadの概要
基本操作と作図の準備
線と点の作図
図形の作図
図形の選択と削除
図形と線の編集
レイヤと属性
文字と寸法の入力
画像の配置と印刷
Jw_cadの便利な機能

Jw_cadの概要

基本操作と
作図の準備

線と点の作図

図形の作図

図形の選択と
削除

図形と線の
編集

レイヤと属性

文字と寸法の
入力

画像の配置と
印刷

Jw_cadの
便利な機能

📝 レイヤの基本知識 　　重要度 ★ ★ ★

Q 243 書込みレイヤに作図している 図や文字列を知りたい！

A 書込みレイヤの番号を クリックします。

書込みレイヤの番号をクリックすると、書込みレイヤに作図されている文字列や図形が紫色で表示されます。作図領域にカーソルを戻すと、元の表示状態に戻ります。　サンプル ▶ 243.jww

1 凹んで表示されている＜①＞をクリックします。

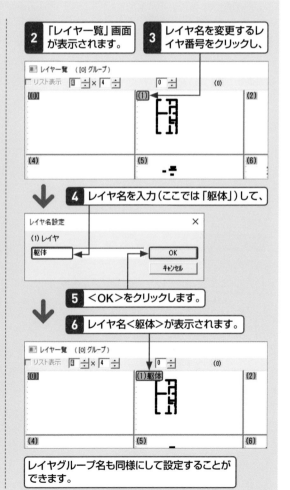

2 ＜レイヤ1＞の線・文字列が紫線で表示されます。

📝 レイヤの基本知識 　　重要度 ★ ★ ★

Q 244 レイヤ・レイヤグループに 名前を付けたい！

A 「レイヤ一覧」画面のレイヤ番号を クリックして名前を入力します。

レイヤ番号だけでは、何を書いているレイヤかわからなくなることがあります。そこで＜レイヤ名＞を入れて、整理しやすくします。　サンプル ▶ 244.jww

1 凹んで表示されている＜⓪＞を右クリックします。

2 「レイヤー覧」画面 が表示されます。

3 レイヤ名を変更するレ イヤ番号をクリックし、

■ レイヤー覧　（[0] グループ）

4 レイヤ名を入力（ここでは「躯体」）して、

レイヤ名設定　　　　　×
(1) レイヤ
躯体　　　　　　　　OK
　　　　　　　　　キャンセル

5 ＜OK＞をクリックします。

6 レイヤ名＜躯体＞が表示されます。

■ レイヤー覧　（[0] グループ）

レイヤグループ名も同様にして設定することができます。

Q 245 「レイヤ設定」画面でレイヤ管理したい！

画面右下に表示されている＜書込みレイヤ＞をクリックして「レイヤ設定」画面を表示します。

サンプル ▶ 245.jww

A 画面右下の＜書込みレイヤ＞をクリックします。

●「レイヤ設定」画面の役割

1 ＜書込みレイヤ＞をクリックして、「レイヤ設定」画面を開きます。

| 0 | × |

A-4　S=1/100　[0-3]開口部　∠0　× 0.36

❶レイヤグループタブ

番号をクリックして、レイヤグループを選択します。右クリックすると、＜書込みレイヤグループ＞に設定されます。

❷レイヤグループの状態表示欄

❶で選択中のレイヤグループの表示状態やデータの有無（右下の「データの有無の表示」参照）が表示されます。アイコンをクリックすると、＜編集グループ＞→＜非表示グループ＞→＜表示のみグループ＞と順次変更されます。右クリックすると、＜書込みレイヤグループ＞に設定されます。

❸レイヤグループ名の表示・入力欄

❶で選択中のレイヤグループに名前が設定されている場合は表示されます。設定はこの欄をクリックしてキー入力します。

❺レイヤの状態表示欄

❶で選択中のレイヤグループに属するレイヤの表示状態やデータの有無（右の「データの有無の表示」参照）を表示します。アイコンをクリックすると、＜編集レイヤ＞→＜非表示レイヤ＞→＜表示のみレイヤ＞と順次変更されます。右クリックすると、＜書込みレイヤ＞に設定されます。レイヤ番号が＜X＞となっている場合は＜プロテクトレイヤ（表示状態を含める）＞を、＜／＞となっている場合は＜プロテクトレイヤ＞を表しています。

レイヤ設定

| 8 | 9 | A | B | C | D | E | F |
| 0 | 1 | 2 | 3 | 4 | 5 | 6 | 7 |

グループの状態　　　　S=1/100

グループ名　　平面・配置図

レイヤ状態

| X | ／ | 2 | 3 | 4 | 5 | 6 | 7 |

| 8 | 9 | A | B | C | D | E | F |

一括

レイヤ名　　開口部

全レイヤ編集　全レイヤ非表示　戻す
□ [全レイヤ非表示]を[全レイヤ表示のみ]にする
□ レイヤグループ名をステータスバーに表示する

OK

❹レイヤグループの尺度

❶で選択中のレイヤグループの尺度が表示されています。尺度を変更する場合は、このボタンをクリックして、「尺度・読取設定」画面を表示します。

❻レイヤ状態の一括変更

＜書込みレイヤ＞と＜プロテクトレイヤ（表示状態を含める）＞以外のレイヤの状態をまとめて変更することができます。

❼レイヤ名の表示

❺で＜書込みレイヤ＞に設定されたレイヤに名前が設定されている場合は表示されます。設定はこの欄をクリックしてキー入力します。

データの有無の表示

❺のアイコンから、レイヤごとの記入状況が判別できます。
＜　＞はデータが記入されてないレイヤ
＜　＞は図形のデータがあるレイヤ
＜　＞は文字データがあるレイヤ
＜　＞は図形と文字データがあるレイヤ
を表しています。

Jw_cadの概要

基本操作と作図の準備

線と点の作図

図形の作図

図形の選択と削除

図形と線の編集

レイヤと属性

文字と寸法の入力

画像の配置と印刷

Jw_cadの便利な機能

Q 246 レイヤ・レイヤグループの記入状況を知りたい！

A レイヤバー・レイヤグループバーに紫の線で表示されています。

レイヤ・レイヤグループの記入状況は、番号の上に紫線で表示されます。レイヤ番号の上の

　左半分の紫線は、線が記入されている

　右半分の紫線は、文字列が記入されている

ことを意味します。何も線が表示されていない番号は、データが記入されていないことになります。

線だけが記入されているレイヤ・レイヤグループ：番号の上の左側に紫線が表示されています。

文字列だけが記入されているレイヤ・レイヤグループ：番号の上の右側に紫線が表示されています。

線と文字列が記入されているレイヤ・レイヤグループ：番号の上に紫線が表示されています。

何も記入されていないレイヤ・レイヤグループ：番号の上に線が表示されていません。

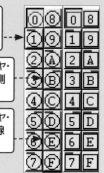

Q 247 表示／非表示レイヤの状態を一時反転したい！

A ＜グループバー＞の下欄の＜×＞をクリックします。

非表示にしているレイヤでも、作図過程においては一時的に参照する場合があります。このようなときには＜グループバー＞の下にある＜×＞をクリックすると、表示中のレイヤが非表示になり、非表示のレイヤが表示されます。カーソルを作図画面に戻すと、元の表示状態に戻ります。

サンプル ▶ 247.jww

● 表示レイヤと非表示レイヤを反転する

1 ＜×＞をクリックすると、

2 非表示レイヤが表示されました。

3 作図画面にカーソルを移動すると、元の表示に戻ります。

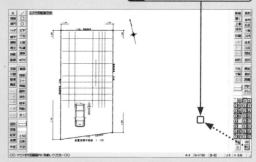

● ＜属取＞コマンドでレイヤ表示を反転する

1 ＜属取＞をクリックして、

2 任意点で右クリックします。

任意点をクリックすると、元の表示状態に戻ります。

Q248 図上から非表示レイヤを指定したい！

A Shiftキー＋Tabキーを押してから クリックで指示します。

非表示にしたいレイヤを、作図画面上の図や文字列から指定することで、効率的に操作することができます。Shiftキー＋Tabキーを押して画面左上に「レイヤ非表示化」と表示されたら、非表示にする図や文字列をクリックします。

サンプル ▶ 248.jww

● 図上から非表示レイヤを指定する

1 Shiftキー＋Tabキーを押すと、

2 「レイヤ非表示化」と表示されるので、

3 非表示レイヤにする線をクリックします。

4 指示した寸法線の＜E＞レイヤが非表示になりました。

● ＜属取＞コマンドで非表示レイヤを指定する

1 ＜属取＞をダブルクリックし、

2 「レイヤ非表示化」と表示されたら、

3 非表示レイヤにする線をクリックします。

● クロックメニューで非表示レイヤを指定する

1 非表示レイヤにする線上で＜左AM-6時＞として、マウスボタンを離さずにそのままにし、

2 少しだけ、左右に移動して、

3 「レイヤ非表示化」と表示されたら、ボタンを離します。

左サイドタブ：
Jw_cadの概要 / 基本操作と作図の準備 / 線と点の作図 / 図形の作図 / 図形の選択と削除 / 図形と線の編集 / レイヤと属性 / 文字と寸法の入力 / 画像の配置と印刷 / Jw_cadの便利な機能

Q 249 既存の図形から属性を取得して属性変更したい!

A <属性取得><属性変更>コマンドを実行します。

<属性取得>コマンドを実行して線を指示すると、線色や線種、書込みレイヤなどの属性が取得されます。また、<属性変更>コマンドを実行して線を指示すると、設定されている線種、線色、レイヤなどの属性に変更されます。

サンプル ▶ 249.jww

● 線の属性を1本ずつ変更する

1 現在の作図線色、線種、作図レイヤが表示されています。

2 <属取>をクリックし、

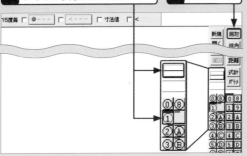

3 属性を取得する線をクリックすると、

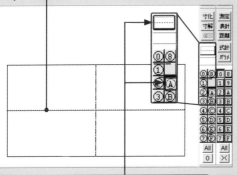

4 作図線色、線種、レイヤが取得されました。

変更する属性の選択

<属変>コマンドを実行すると、下記の表示がコントロールバーに表示されます。クリックしてチェックを外すと、その属性については変更されません。

[作図(D)] 設定(S) [その他(A)] ヘルプ(H)
☑ 線種・文字種変更　☑ 書込みレイヤに変更

5 <属変>をクリックし、

6 属性を変更する線をクリックします。

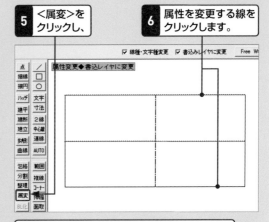

縦線についても、同様にして属性を変更します。

● クロックメニューで実行する

1 属性を取得する線上で<左AM-6時>とし、

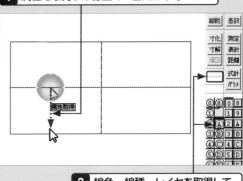

2 線色、線種、レイヤを取得して、

3 属性を変更する線上で<左AM-5時>とします。

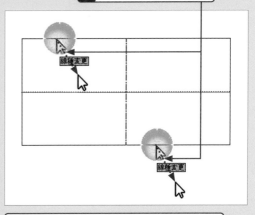

縦線についても、同様にして属性を変更します。

Q 250 既存の図形の属性をまとめて変更したい！

A <範囲>コマンドで選択後に<属性変更>を実行します。

<範囲選択>コマンドで複数の図形を選択後、コントロールバーに表示される<属性変更>コマンドを実行することで、「属性変更」画面を開き、変更項目を指定することができます。　**サンプル ▶ 250.jww**

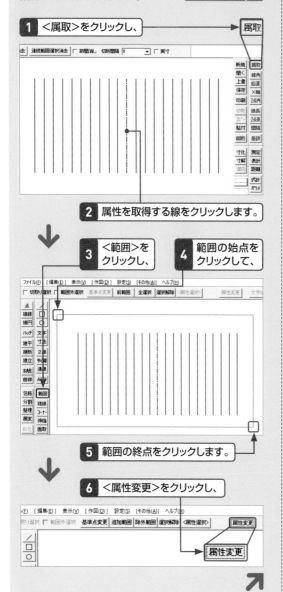

1 <属取>をクリックし、 属取

2 属性を取得する線をクリックします。

3 <範囲>をクリックし、

4 範囲の始点をクリックして、

5 範囲の終点をクリックします。

6 <属性変更>をクリックし、

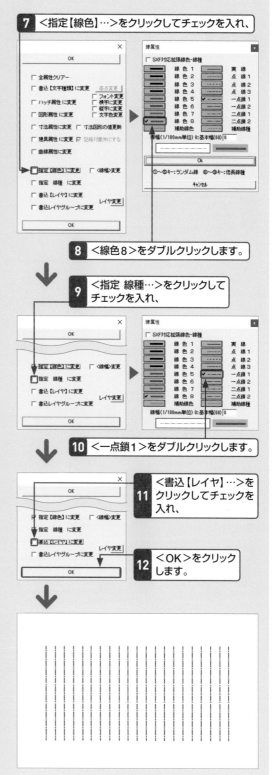

7 <指定【線色】…>をクリックしてチェックを入れ、

8 <線色8>をダブルクリックします。

9 <指定 線種…>をクリックしてチェックを入れ、

10 <一点鎖1>をダブルクリックします。

11 <書込【レイヤ】…>をクリックしてチェックを入れ、

12 <OK>をクリックします。

Jw_cadの概要

基本操作と作図の準備

線と点の作図

図形の作図

図形の選択と削除

図形と線の編集

レイヤと属性

文字と寸法の入力

画像の配置と印刷

Jw_cadの便利な機能

161

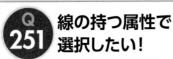

Q251 線の持つ属性で選択したい!

A <範囲>コマンドで選択後に<属性選択>を実行します。

<範囲選択>コマンドで図形を選択後、<属性選択>を実行すると、選択された図形の中から属性でフィルターをかけて絞り込んで選択することができます。

サンプル▶ 251.jww

1 ①が凹んで表示(書き込みレイヤ)されていることを確認して、

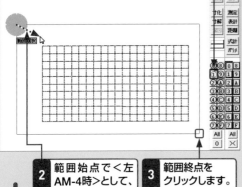

2 範囲始点で<左AM-4時>として、

3 範囲終点をクリックします。

4 <属性選択>をクリックします。

5 <指定【線色】…>をクリックしてチェックを入れ、

6 <線色8>をダブルクリックし、

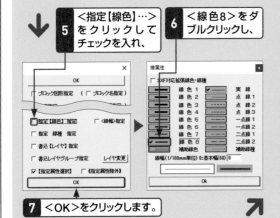

7 <OK>をクリックします。

8 <属性変更>をクリックします。

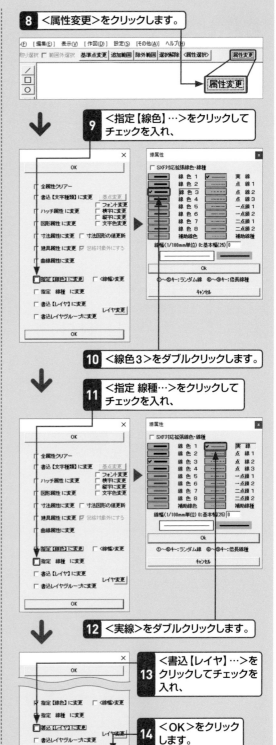

9 <指定【線色】…>をクリックしてチェックを入れ、

10 <線色3>をダブルクリックします。

11 <指定 線種…>をクリックしてチェックを入れ、

12 <実線>をダブルクリックします。

13 <書込【レイヤ】…>をクリックしてチェックを入れ、

14 <OK>をクリックします。

サイドタブ:
Jw_cadの概要 / 基本操作と作図の準備 / 線と点の作図 / 図形の作図 / 図形の選択と削除 / 図形と線の編集 / レイヤと属性 / 文字と寸法の入力 / 画像の配置と印刷 / Jw_cadの便利な機能

8

文字と寸法の入力

文字と寸法の入力（左側縦タブ）

Jw_cadの概要

基本操作と作図の準備

線と点の作図

図形の作図

図形の選択と削除

図形と線の編集

レイヤと属性

文字と寸法の入力

画像の配置と印刷

Jw_cadの便利な機能

Q 252 文字列を書きたい!

A ＜文字＞コマンドを実行します。

＜文字＞コマンドを実行すると、「文字入力」画面が表示されるので、ここに文字を入力します。

サンプル ▶ 252.jww

1 ＜文字＞をクリックし、

2 「今すぐ使える」と入力して、

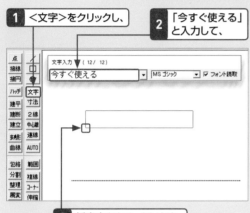

3 任意点をクリックします。

4 「完全ガイドブック」と入力して、

今すぐ使える

5 端点を右クリックします。

配置場所の指定

配置場所を指定する場合は、以下の方法があります。
・任意点はクリック
・端交点は右クリック
中点ほか、スナップ機能は線の場合と同じです。

Q 253 書込み文字のフォントやサイズを指定したい!

A 「書込み文字種変更」画面で指定します。

文字のフォントやサイズは、＜文字＞コマンドを実行後、「書込み文字種変更」画面で指定します。

サンプル ▶ 253.jww

1 ＜文字＞をクリックし、

2 ＜[1] W=2 H=…＞をクリックします(この表示は随時変わります)。

3 ＜MSゴシック＞と表示されているのを確認し、

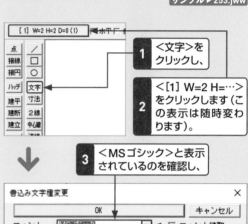

4 違うフォントが表示されている場合は＜▼＞をクリックして、＜MSゴシック＞を選択します。

5 ＜文字種[4]＞をクリックします。

6 「書式設定」と入力して、

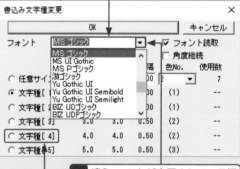

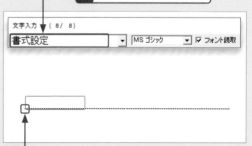

7 端点を右クリックします。

Q 254 使用する文字の大きさや色を設定したい！

A <基本設定>の<文字>タブで設定します。

文字の大きさや色を設定する場合、<基設>コマンドで「基本設定」画面を表示し、<文字>タブを表示します。この設定欄で<文字種>ごとに、文字のサイズ、文字間隔、文字色を設定します。ここでは、Jw_cadがインストールされた状態の設定を表示していますが、必要に応じて設定しましょう。

● 「書込み文字種変更」 画面の表示

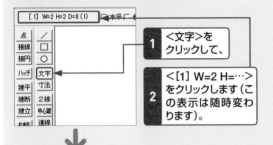

1 <文字>をクリックして、

2 <[1] W=2 H=…> をクリックします（この表示は随時変わります）。

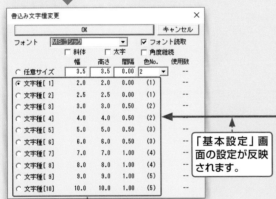

「基本設定」画面の設定が反映されます。

この中から、適当な文字種を選択します。
<任意サイズ>は、随時、文字のサイズ、文字間隔、文字色が設定できます。

```
文字種［ 1］
文字種［ 2］
文字種［ 3］
文字種［ 4］
文字種［ 5］
文字種［ 6］
文字種［ 7］
文字種［ 8］
文字種［ 9］
文字種［10］
```

上記の設定（初期設定）で書いた文字種の例

● 「基本設定」 画面の<文字>タブの表示

1 <基設>をクリックして、

2 <文字>をクリックします。

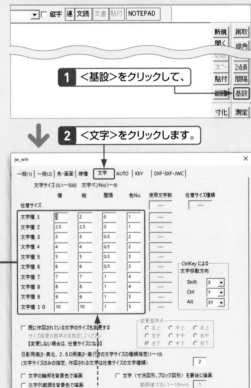

この欄で<文字種>ごとに文字サイズ、文字間隔、文字色を設定します。文字を記入後、変更することも可能ですが、ここでの設定が重要になります。

本書のサンプルファイルは、一部を除いて本書独自の設定で作図しています。この環境設定ファイルは、<練習用ファイル>フォルダ内に<完全ガイド.JWF>で保存されています。また、Jw_cadをインストールしたときの初期設定による環境設定ファイルは、同じフォルダ内に<オリジナル.JWF>で保存しています。　参照 ▶ Q 071

Jw_cadの概要

基本操作と作図の準備

線と点の作図

図形の作図

図形の選択と削除

図形と線の編集

レイヤと属性

文字と寸法の入力

画像の配置と印刷

Jw_cadの便利な機能

Q.255 斜線に平行に文字列を書きたい！

A <線角>コマンドで線の角度を取得します。

斜線に平行に文字列を書く場合は、<文字>コマンドを実行後、<線角度取得>コマンドを実行して、斜線の角度を<角度>に取得します。**サンプル▶ 255.jww**

1 Q.253の手順**1**〜**5**を参考に、サンプルファイルに指定されたフォントと文字種の設定をしておきます。

2 <線角>をクリックし、

3 参照する線上をクリックします。

4 線角度が取得され、表示されます。

5 「3寸勾配」と入力し、

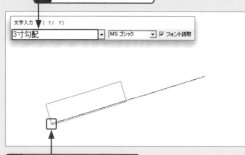

6 端点を右クリックします。

クロックメニューで線角度を取得

上記の手順**2**〜**3**で線の角度を取得しましたが、クロックメニューでは、線上で<右PM-4時>と操作します。

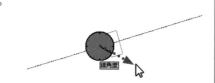

Q.256 縦書き文字列を書きたい！

A コントロールバーの<縦字>にチェックを入れます。

縦書き文字列を書く場合は、<文字>コマンドを実行後、<縦字>にチェックを入れます。これだけでは水平方向に縦字が表示されるので、さらに時計回りに90°回転するために、<角度>に「-90」と入力します。**サンプル▶ 256.jww**

1 Q.253の手順**1**〜**5**を参考に、サンプルファイルに指定されたフォントと文字種の設定をしておきます。

2 <縦字>をクリックして、チェックを入れ、

3 <角度>に「-90」と入力し、

4 「縦書き文字」と入力して、

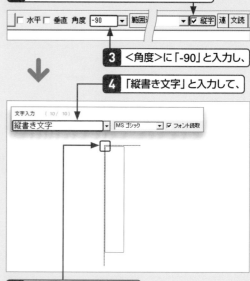

5 端点を右クリックします。

そのほかの方法

<角度>に数値を入力する代わりに、<垂直>をクリックして、チェックを入れても同じです。また、任意点でクロックメニュー<左PM-2時>としても、<垂直>にチェックが付きます。

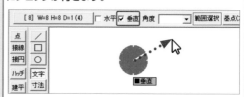

Q257 一度入力した文字列を再度入力したい!

A 「文字入力」画面の<▼>をクリックで履歴が表示されます。

「文字入力」画面の<▼>をクリックすると、そのファイルで入力されている文字列の履歴が表示されます。その履歴から希望する項目をクリックすることで、入力の手間を省くことができます。

1 <▼>をクリックして、履歴を表示して、

2 目的の語句をクリックします。

Q258 既存の文字列から書式を取得して書きたい!

A <属取>コマンドで書式を取得する文字列から属性を取得します。

<文字>コマンドを実行後、<属取>コマンドを実行し、書式を取得する文字列をクリックします。

サンプル ▶ 258.jww

● 既存の文字列から書式を取得する

1 <文字>をクリックし、

2 <[10] W=10 H=…>と表示されていることを確認します。

3 <属取>をクリックし、

4 <文字種 [4]>をクリックします。

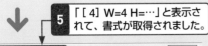

文字種 [4]
文字種 [6]
文字種 [8]

5 「[4] W=4 H=…」と表示されて、書式が取得されました。

[4] W=4 H=4 D=0.5 (2)　□水平 □垂直 角度 [　　]▼ 範囲選択

---

6 「小字」と入力して、

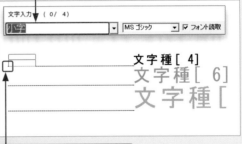

文字種 [4]
文字種 [6]
文字種 [

7 端点を右クリックします。

● クロックメニューで行う

1 文字列上で<左AM-6時>として、

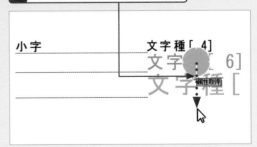

小字　　　　　　　文字種 [4]
文字種 [6]
文字種 [

2 「[6] W=6 H=…」と表示されて、書式が取得されました。

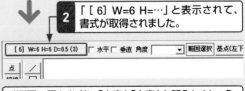

[6] W=6 H=6 D=0.5 (3)　□水平 □垂直 角度 [　　]▼ 範囲選択 基点(左下

手順**6**～**7**を参考に「中字」「大字」を記入しましょう。

Jw_cadの概要

基本操作と作図の準備

線と点の作図

図形の作図

図形の選択と削除

図形と線の編集

レイヤと属性

文字と寸法の入力

画像の配置と印刷

Jw_cadの便利な機能

Q259 改行間隔を指定して文字列を書きたい！

A ＜行間＞に実寸で数値入力します。

改行間隔を指定して、文字列を書く場合には、コントロールバーの＜行間＞に実寸で入力します。

サンプル ▶ 259.jww

1 Q.253の手順**1**～**5**を参考に、サンプルファイルに指定されたフォントと文字種の設定をしておきます。

2 ＜行間＞に「10」と入力し、

3 「フローリング」と入力して、

=6 D=0.5 (3)　□水平 □垂直 角度　　　　範囲選択 基点(左　行間 10　　　縦

文字入力　（ 12/ 12）
フローリング　　　　　　　MS ゴシック　☑ フォント読取

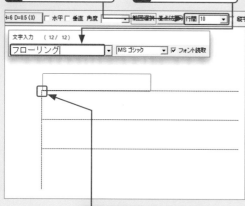

4 端点を右クリックします。

5 カーソルが表示されます。

文字入力　（ 6/ 6）
下地板　　　　　　　　　MS ゴシック　☑ フォント読取

フローリング

6 「下地板」と入力して、

7 Enter キーを押して入力を確定します。

上記の手順**6**～**7**同様に「根太」と入力しましょう。

Q260 文字列の基準点とは？

A 文字列を配置するときに使用する9個の基準点です。

文字列を配置するときの基準点となります。文字列を縦横に3等分した点は合計9点あります。基準点を指定して文字列を書くことができます。

サンプル ▶ 260.jww

1 Q.253の手順**1**～**5**を参考に、サンプルファイルに指定されたフォントと文字種の設定をしておきます。

▼ 範囲選択 基点(左下) 行間　　　▼ □ 縦

2 ＜基点（左下）＞をクリックし、

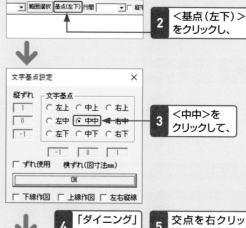

文字基点設定　　　×

縦ずれ　文字基点
1　　○左上 ○中上 ○右上
0　　○左中 ○中中 ○右中
-1　　○左下 ○中下 ○右下
-1　　0　　1
□ずれ使用　横ずれ（図寸法㎜）
OK
□下線作図　□上線作図　□左右縦線

3 ＜中中＞をクリックして、

4 「ダイニング」と入力して、

5 交点を右クリックします。

文字入力　（ 10/ 10）
ダイニング　　　　　　　MS ゴシック　☑ フォント読取

文字列の基準点

文字列の基準点は下記のとおりです。＜文字基点設定＞ダイアログと対応しています。

左上　中上　右上
左中 基準点位置 右中
左下　中下　右下

Q 261 文字の基準点から ずれ位置を指定したい!

A 「文字基点設定」画面で <ずれ使用>を指定します。

文字列は、クリックで指示する点から設定距離だけ離れた位置に書くことができます。表題欄などを書くときに便利な機能です。　サンプル▶261.jww

1 Q.253の手順**1**〜**5**を参考に、サンプルファイルに指定されたフォントと文字種の設定をしておきます。

2 <基点(左下)>をクリックし、

3 <ずれ使用>をクリックしてチェックを入れます。

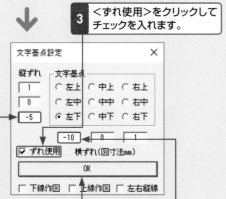

4 「-5」と入力し、

5 「-10」と入力して、

6 <OK>をクリックします。

7 「子ども室」と入力して、

8 端点を右クリックします。

文字の基準点からのずれ位置の設定

文字の基準点からのずれ位置の設定は、<ずれ使用>にチェックを入れて、「-X」「-Y」と入力します。

ずれた基準点位置　　X,Yは実寸

Q 262 文字列を消去したい!

A <文字>コマンドを実行後 文字列の上で右クリックします。

文字列の消去は、<文字>コマンドを実行し、消去したい文字列の上で右クリックします。近くに線などがあると誤って消去することがあるので、十分に拡大して操作しましょう。

サンプル▶262.jww

1 <消去>をクリックし、

2 文字上を右クリックします。

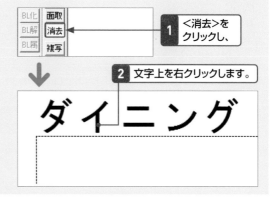

Jw_cadの概要

基本操作と作図の準備

線と点の作図

図形の作図

図形の選択と削除

図形と線の編集

レイヤと属性

文字と寸法の入力

画像の配置と印刷

Jw_cadの便利な機能

Jw_cadの概要

基本操作と作図の準備

線と点の作図

図形の作図

図形の選択と削除

図形と線の編集

レイヤと属性

文字と寸法の入力

画像の配置と印刷

Jw_cadの便利な機能

 文字操作の基本　　　　　重要度 ★ ★ ★

Q 263 文字列をまとめて消去したい!

A <文字>コマンド実行後範囲選択します。

文字列をまとめて消去する場合は、<文字>コマンドを実行してコントロールバーの<範囲選択>で対象の文字列を選択します。このとき、線などの図形は選択されません。文字列を選択したら、<消去>コマンドを実行します。

サンプル ▶ 263.jww

1 <文字>をクリックし、
2 <範囲選択>をクリックします。

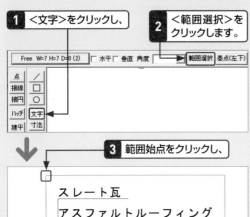

3 範囲始点をクリックし、

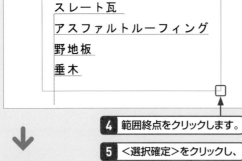
スレート瓦
アスファルトルーフィング
野地板
垂木

4 範囲終点をクリックします。

5 <選択確定>をクリックし、

6 <消去>をクリックします。

文字列の選択について

<範囲>コマンドでは、文字列だけを選択することはできません。しかし、<文字>コマンド実行中は、<範囲選択>を実行すると文字列だけが選択の対象となります。

文字操作の基本　　　　　重要度 ★ ★ ★

Q 264 文字列を均等割付けしたい!

A 文字列のうしろに足りない文字数だけ<・>を入れます。

文字間隔を文字数に応じて調整するには、不足する文字数だけ<・>を文字入力欄のうしろに入力します。

サンプル ▶ 264.jww

1 Q.253の手順1～5を参考に、サンプルファイルに指定されたフォントと文字種の設定をしておきます。

2 <基点(左下)>をクリックし、

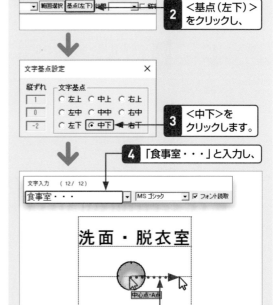

3 <中下>をクリックします。

4 「食事室・・・」と入力し、

5 2段目の線上で<右AM-3時>とします。

同様に、<子ども室>については「・」を2文字、<台所>については、4文字を補います。

「・」は全角で入力する

不足する文字数を補う「・」は、キーボードの右の位置にあります。これを不足する数だけ、全角で入力します。

Q 265 文字列を均等縮小したい！

A 文字列のうしろに「^」と余分な文字の半角換算数「N」を入力します。

文字列を均等縮小する場合は、入力した文字列のあとに、「^」と余分な文字数を半角に換算した数「N」を入力します。

サンプル ▶ 265.jww

1 ＜文字＞をクリックし、

2 ＜基点（左下）＞をクリックして、

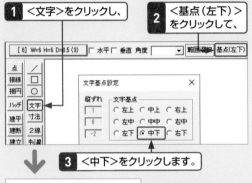

3 ＜中下＞をクリックします。

4 ＜食事室＞をクリックし、

5 ＜食事室＞のうしろをクリックします。

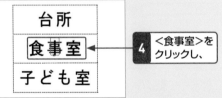

6 「^2」と半角文字で入力し、

7 Enter キーで確定します。

＜子ども室＞についても、同様に全角2文字＝半角4文字分の「^4」を入力します。

「^」と余分な文字数について

「^」と入力したあとの余分な文字数は、半角換算した数を半角で入力します。「^」（アクセント）はキーボードの右の位置にあります。なお最大値は「^9」です。

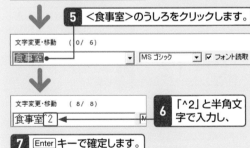

Q 266 文字列に下線を表示したい！

A 「文字基点設定」画面の＜下線作図＞にチェックを入れます。

下線を付けて文字列を書く場合、「文字基点設定」画面を表示して、＜下線作図＞にチェックを入れます。このとき作図される下線は、作図属性で設定されたものになります。

サンプル ▶ 266.jww

1 Q.253の手順**1**〜**5**を参考に、サンプルファイルに指定されたフォントと文字種の設定をしておきます。

2 ＜基点（左下）＞をクリックし（表示が変わっていることがあります）、

3 ＜下線作図＞をクリックしてチェックを入れ、

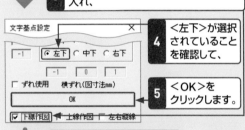

4 ＜左下＞が選択されていることを確認して、

5 ＜OK＞をクリックします。

6 ＜線属性＞をクリックし、

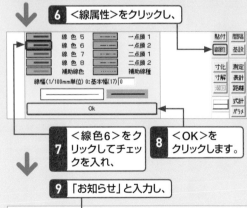

7 ＜線色6＞をクリックしてチェックを入れ、

8 ＜OK＞をクリックします。

9 「お知らせ」と入力し、

10 端点を右クリックします。

右側タブ：Jw_cadの概要／基本操作と作図の準備／線と点の作図／図形の作成／図形の選択と削除／図形と線の編集／レイヤと属性／文字と寸法の入力／画像の配置と印刷／Jw_cadの便利な機能

左側の縦タブ：
Jw_cadの概要

基本操作と作図の準備

線と点の作図

図形の作図

図形の選択と削除

図形と線の編集

レイヤと属性

文字と寸法の入力

画像の配置と印刷

Jw_cadの便利な機能

Q267 文字列を四角で囲んで書きたい！

A ＜下線作図＞＜上線作図＞＜左右縦線＞にチェックを入れます。

文字列を四角で囲みたい場合は、「文字基点設定」画面を表示して、＜下線作図＞＜上線作図＞＜左右縦線＞にチェックを入れます。このとき作図される線は、作図属性に設定されたものになります。

サンプル ▶ 267.jww

1 Q.253の手順 **1**〜**5** を参考に、サンプルファイルに指定されたフォントと文字種の設定をしておきます。

2 ＜基点（左下）＞をクリックし（表示が変わっていることがあります）、

3 それぞれをクリックしてチェックを入れ、

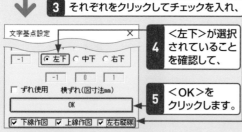

4 ＜左下＞が選択されていることを確認して、

5 ＜OK＞をクリックします。

6 ＜線属性＞をクリックし、

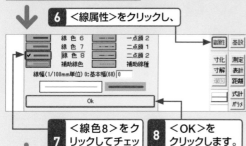

7 ＜線色8＞をクリックしてチェックを入れ、

8 ＜OK＞をクリックします。

9 「修正箇所注意」と入力し、

10 端点を右クリックします。

Q268 ㎥を記入したい！

A ＜m^u3＞と記入します。

＜㎥＞はJw_cadでは文字コードの関係で表示することができませんが、Jw_cad独特の記述＜m^u3＞を使って表示することができます。サンプル ▶ 268.jww

1 Q.253の手順 **1**〜**5** を参考に、サンプルファイルに指定されたフォントと文字種の設定をしておきます。

文字入力（6／6）
20m^u3

2 「20m^u3」と半角文字で入力し、

20m³

3 端点を右クリックします。

文字入力（9／9）
12.^d3^d4

4 「12.^d3^d4」と半角文字で入力し、

12.34

5 端点を右クリックします。

文字入力（9／9）
○^oア=12

6 「○^oア=12」と入力し（○とアは全角文字、ほかは半角文字）、

⑦=12

7 端点を右クリックします。

特殊文字の記入

漢字変換では表現できない特殊文字を、下記のように、Jw_cad独自の記述で表示することができます。記述には半角文字を使用します。この記述はJw_cad独自のものなので、ほかのCADでこれらの記述を読込むと、そのまま表示されてしまいます。

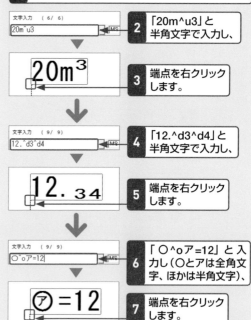

表示	意味	記入例	表示例
^u	上付き文字	A^u1	A¹
^d	下付き文字	A^d1	A₁
^c	中付き文字	A^c1	A¹
^o	中央重ね文字	□^o1	①
^b	重ね文字（重ね少）	P^bL	ℙ
^B	重ね文字（重ね大）	P^BL	ℙ

Q 269 文字列を複写/移動したい!

A 文字列で右クリックして複写またはクリックで移動することができます。

既存の文字列で右クリックすると、その文字列が選択され、次にクリックした位置に複写されます。クリックで文字列を選択した場合は、次にクリックした位置に移動します。

サンプル ▶ 269.jww

● 文字列を複写する

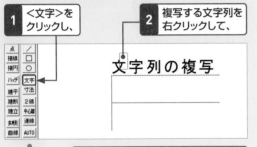

1 <文字>をクリックし、

2 複写する文字列を右クリックして、

文字列の複写

3 複写先の端点を右クリックします。

文字列の複写

● 文字列を移動する

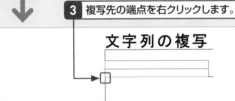

文字列の移動

1 移動する文字列をクリックし、

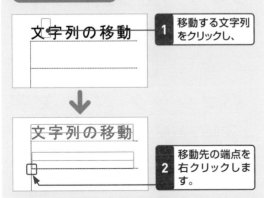

文字列の移動

2 移動先の端点を右クリックします。

文字列を複写・移動するときの選択方法

文字列を複写する場合は、右クリック
移動する場合は、クリック
で選択します。

Q 270 文字列を移動して揃えたい!

A 移動方向を限定します。

文字列を移動して揃えたい場合は、文字列を選択後、Shift キーや Ctrl キーを押したままにすると、移動方向がX方向やY方向に限定されます。

サンプル ▶ 270.jww

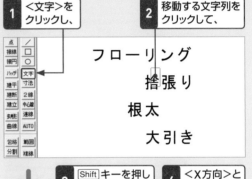

1 <文字>をクリックし、

2 移動する文字列をクリックして、

フローリング
捨張り
根太
大引き

3 Shift キーを押したままにすると、

4 <X方向>と表示され、

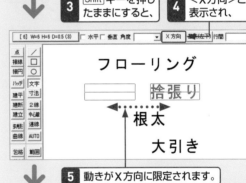

フローリング
捨張り
根太
大引き

5 動きがX方向に限定されます。

6 位置を参照する文字列の左下を右クリックします。

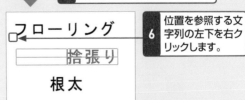

フローリング
捨張り
根太

残りの文字列についても、同様にして移動しましょう。

移動方向の限定

文字列を選択後、
Shift キーを押すと、X方向に
Ctrl キーを押すと、Y方向に
移動方向が限定されます。

Jw_cadの概要

基本操作と作図の準備

線と点の作図

図形の作図

図形の選択と削除

図形と線の編集

レイヤと属性

文字と寸法の入力

画像の配置と印刷

Jw_cadの便利な機能

文字列の属性の設定　　重要度 ★ ★ ★

Q 271 文字列の書式を変更したい！

A ＜文字＞コマンドを実行後に＜属取＞や＜属変＞を実行します。

文字列の書式を変更する場合、書式を参照できる文字列がないときは、＜文字＞コマンドを実行して「書込み文字種変更」画面から行います。書式を参照できる文字列があるときには、その書式を取得して変更することができます。

サンプル ▶ 271.jww

● 「書込み文字種変更」画面で書式を変更する

1 ＜文字＞をクリックし、

2 書式を変更する文字列をクリックします。

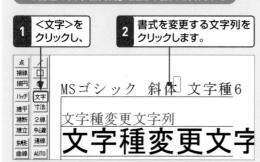

3 ＜[5] W=5…＞をクリックし、

4 ＜▼＞をクリックして、

5 ＜MSゴシック＞をクリックします。

6 ＜斜体＞をクリックしてチェックを入れ、

7 ＜文字種6＞をクリックし、

---

8 任意点で Enter キーを押します。

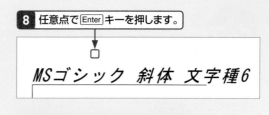

● 既存の文字列から書式を取得する

1 ＜文字＞をクリックし、

2 書式を取得する文字列上で＜左AM-6時＞とします。

3 書式を変更する文字列上で＜左AM-5時＞とします。

4 文字列の書式が変更されました。

5 残りの文字列についても同様にして書式を変更します。

Q 272 文字列の書式をまとめて変更したい!

A <範囲>コマンドで文字列を選択後に<属性変更>を実行します。

文字列の書式をまとめて変更するには、<範囲>コマンドで文字列を選択後、<属性変更>を実行し、画面を表示して、変更する書式を設定します。

サンプル ▶ 272.jww

1 <範囲>をクリックし、

2 範囲始点をクリックします。

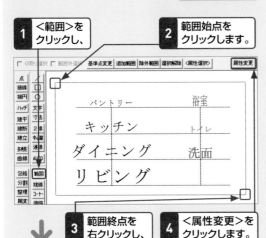

3 範囲終点を右クリックし、

4 <属性変更>をクリックします。

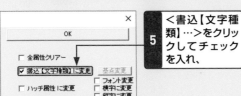

5 <書込【文字種類】…>をクリックしてチェックを入れ、

6 <文字種3>をクリックし、

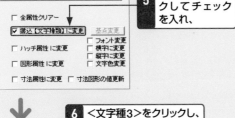

<文字種3>が選択されているときは、そのまま<OK>をクリックします。

7 <基点変更>をクリックし、

8 <中下>をクリックします。

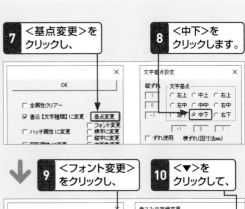

9 <フォント変更>をクリックし、

10 <▼>をクリックして、

11 <MSゴシック>をクリックします。

12 <OK>をクリックします。

13 <文字色変更>をクリックし、

14 <線色2>をダブルクリックして、

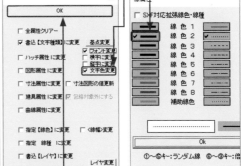

15 <OK>をクリックすると、まとめて文字列の属性が変更されます。

Jw_cadの概要

基本操作と作図の準備

線と点の作図

図形の作図

図形の選択と削除

図形と線の編集

レイヤと属性

文字と寸法の入力

画像の配置と印刷

Jw_cadの便利な機能

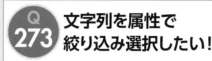

Q273 文字列を属性で絞り込み選択したい！

A <範囲>コマンドで文字列を選択後に<属性選択>を実行します。

文字列を属性で絞り込んで選択したい場合は、まず<範囲>コマンドで文字列を選択します。続いて<属性選択>を実行し、選択した文字列から絞り込んで選択を行ったあと、属性の変更を行います。

サンプル ▶ 273.jww

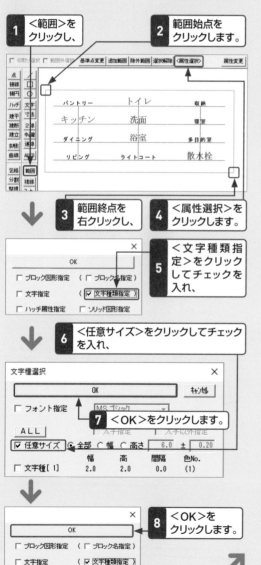

1 <範囲>をクリックし、

2 範囲始点をクリックします。

3 範囲終点を右クリックし、

4 <属性選択>をクリックします。

5 <文字種類指定>をクリックしてチェックを入れ、

6 <任意サイズ>をクリックしてチェックを入れ、

7 <OK>をクリックします。

8 <OK>をクリックします。

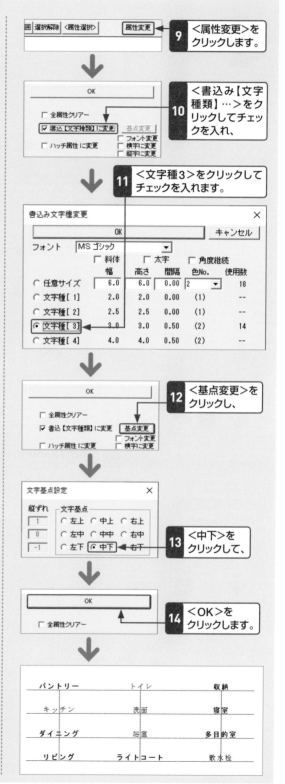

9 <属性変更>をクリックします。

10 <書込み【文字種類】…>をクリックしてチェックを入れ、

11 <文字種3>をクリックしてチェックを入れます。

12 <基点変更>をクリックし、

13 <中下>をクリックして、

14 <OK>をクリックします。

Q 274 複数の記述内容をまとめて置換したい！

A 「メモ帳」を使って一括置換します。

複数の記述内容を一括置換したい場合は、<文字>コマンドを実行します。続いて編集対象の範囲を選択し、Windowsに標準装備されているエディタソフト「メモ帳」を使って、検索・置換します。

サンプル ▶ 274.jww

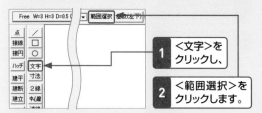

1 <文字>をクリックし、

2 <範囲選択>をクリックします。

3 表を囲める所でクリックし、

4 同じく表を囲める所でクリックして、

5 <選択確定>をクリックします。

6 文字列が選択され、紫表示されます。

7 <NOTEPAD>をクリックすると、

---

8 「メモ帳」が表示されます。

9 <編集>→<置換>とクリックします。

10 <検索する文字列>に「石膏」と入力し、

11 <置換後の文字列>に「プラスター」と入力して、

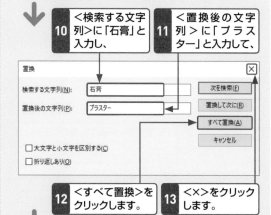

12 <すべて置換>をクリックします。

13 <×>をクリックします。

14 <ファイル>→<上書き保存>とクリックし、

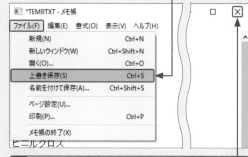

15 <ファイル>→<メモ帳の終了>とクリックするか、<×>をクリックします。

「メモ帳」を使った編集

「メモ帳」は、Windowsに標準装備されたエディタソフトです。Jw_cadの文字編集機能では不便な部分がありますが、外部のエディタソフトを使うことで、編集の操作性が向上します。

参照 ▶ Q 276

Jw_cadの概要

基本操作と作図の準備

線と点の作図

図形の作図

図形の選択と削除

図形と線の編集

レイヤと属性

文字と寸法の入力

画像の配置と印刷

Jw_cadの便利な機能

Q 275 文字列を編集したい！

A ＜文字＞コマンド実行したあと文字列をクリックして選択し編集します。

文字列を編集は、＜文字＞コマンドを実行します。続いて対象の文字列をクリックして選択し、「文字変更・移動」画面で編集します。　　サンプル▶275.jww

1 ＜文字＞をクリックし、

2 修正する文字列をクリックします。

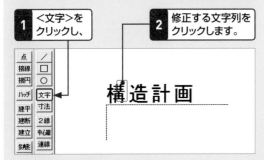

点　／
接線　□
接円　○
ハッチ　文字
建平　寸法
建断　2線
建立　中心線
多能　連線

構造計画

3 「文字変更・移動」画面で＜造＞と＜計＞の間をクリックします。

文字変更・移動　（ 0/ 8）

構造計画

4 カーソルが表示されるので、

文字変更・移動　（ 4/ 8）

構造計画

5 BackSpace キーを2回押して＜構造＞を削除します。

6 そのまま「設備」と入力して、

文字変更・移動　（ 0/ 4）

計画

7 Enter キーで確定します。

編集複写する場合

編集複写する場合は、手順**2**で文字列を右クリックして選択し、文字列を編集したら、新たな配置場所をクリックで指示します。

Q 276 複数行の文字列をまとめて編集したい！

A 「メモ帳」を使って編集します。

複数行の文字列をまとめて編集する場合は、＜文字＞コマンドを実行します。続いて編集対象の文字列を範囲選択し、「メモ帳」を使って編集します。　サンプル▶276.jww

1 Q.274の手順**1**～**7**を参考に、編集範囲の文字列を「メモ帳」で表示します。

2 1行目のうしろをクリックし、

ファイル(F)　編集(E)　書式(O)　表示(V)　ヘルプ(H)
＜NOTEPAD＞とは、Windowsに
搭載されている、
動作が軽くてシンプルな
テキストエディタです。

3 「標準で」と入力します。

ファイル(F)　編集(E)　書式(O)　表示(V)　ヘルプ(H)
＜NOTEPAD＞とは、Windowsに標準で
搭載されている、
動作が軽くてシンプルな
テキストエディタです。

4 2行目のうしろをクリックし、

5 Delete キーで改行を削除します。

6 ＜シン＞のうしろをクリックし、

ファイル(F)　編集(E)　書式(O)　表示(V)　ヘルプ(H)
＜NOTEPAD＞とは、Windowsに標準で
搭載されている、動作が軽くてシンプルな
テキストエディタです。

7 Enter キーで改行します。

8 3行目のうしろをクリックし、

ファイル(F)　編集(E)　書式(O)　表示(V)　ヘルプ(H)
＜NOTEPAD＞とは、Windowsに標準で
搭載されている、動作が軽くてシン
プルな
テキストエディタです。

9 Delete キーで改行を削除します。

Q.274の手順**14**～**15**と同様に「メモ帳」を終了します。

Q277 文字列を連結したい!

A <連>コマンドを使って連結する文字列をクリックで指示します。

文字列を連結する場合は、<文字>コマンドを実行します、続いてコントロールバーに表示される<連>コマンドをクリックし、対象の文字列をクリックで指示します。このとき指示する場所が違うと結果が異なるので注意しましょう。　**サンプル▶277.jww**

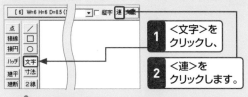

1 <文字>をクリックし、

2 <連>をクリックします。

↓

3 基準となる文字列の前方をクリックし、

文字列

連結

の

4 連結する文字列をクリックします。

↓

5 基準となる文字列の後方をクリックし、

文字列

の連結

6 連結する文字列をクリックします。

連結のときの文字列の指示

基準となる文字列を指示するとき、ほかの文字列をうしろに連結する場合（後付け）は、文字列のうしろのほうをクリックします。ほかの文字列を前に連結する場合（前付け）は、文字列の前のほうをクリックして指示します。

Q278 文字列を切断したい!

A <連>コマンドを使って切断位置を右クリックで指示します。

文字列を切断する場合は、<文字>コマンドを実行します。続いてコントロールバーに表示される<連>コマンドをクリックし、対象の文字列の切断位置を右クリックで指示します。　**サンプル▶278.jww**

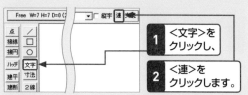

1 <文字>をクリックし、

2 <連>をクリックします。

↓

3 切断する場所で右クリックし、

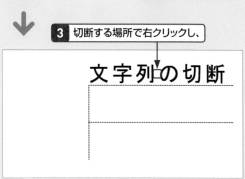

文字列の切断

4 移動する文字列をダブルクリックして、

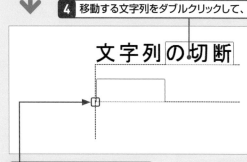

文字列の切断

5 移動先で右クリックします。

文字列の切断位置の指示

文字列を切断する場合、切断場所を右クリックで指示します。また、文字列を移動する場合は、ダブルクリックで選択したあと、移動先を指示します。

Q279 テキストファイルを読込みたい!

A コントロールバーに表示される<文読>をクリックします。

作成したテキストファイルを読込むことも可能です。方法は、<文字>コマンドを実行後、コントロールバーに表示される<文読>をクリックしてテキストファイルを指示します。続いて改行間隔を設定して配置します。

サンプル▶ 279.jww

1 Q.253の手順①～⑤を参考に、サンプルファイルに指定されたフォントと文字種の設定をしておきます。

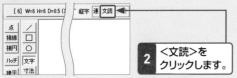

2 <文読>をクリックします。

3 <ドキュメント>→<練習用ファイル>→<第08章>と選択して、

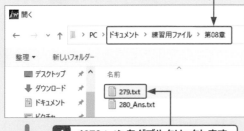

4 <279.txt>をダブルクリックします。

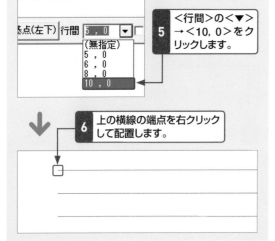

5 <行間>の<▼>→<10, 0>をクリックします。

6 上の横線の端点を右クリックして配置します。

Q280 文字列をテキストファイルで保存したい!

A 保存する文字列を選択後に<文書>をクリックします。

文字列をテキストファイルで保存する場合は、<文字>コマンドを実行します。続いて対象の文字列を選択し、コントロールバーに表示される<文書>をクリックして保存します。

サンプル▶ 280.jww

1 <文字>をクリックし、

2 範囲始点で<左AM-4時>とし、

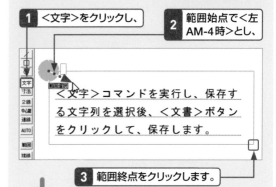

3 範囲終点をクリックします。

4 任意点で<左AM-0時>とし、

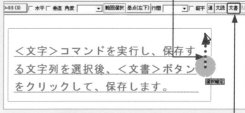

5 <文書>をクリックします。

6 <ドキュメント>→<練習用ファイル>→<第08章>と指示し、

7 「280」と入力して、

8 <保存>をクリックします。

Q281 Wordの文字列を Jw_cadに貼付けたい!

A Wordの画面で文字列を＜コピー＞後に＜貼付＞をクリックします。

文字列の貼付けは、Microsoft Wordの画面から文書を選択して＜コピー＞し、文字コマンドを実行します。続いて＜貼付＞をクリックし、貼付け場所を指示します。

サンプル ▶ 281.jww

1 ＜第08章＞フォルダー内の＜281.jww＞ファイルを開き、Q.253の手順❶～❺を参考に、サンプルファイルに指定されたフォントと文字種の設定をしておきます。

2 練習用ファイルの＜第08章＞フォルダー内のファイル＜281.docx＞をWordで開きます。

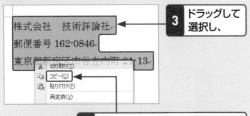

3 ドラッグして選択し、

4 選択した文字列の上で右クリック→＜コピー＞をクリックします。

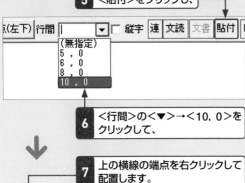

5 ＜貼付＞をクリックし、

6 ＜行間＞の＜▼＞→＜10, 0＞をクリックして、

7 上の横線の端点を右クリックして配置します。

Q282 バラバラの文字列を整列して配置したい!

A ＜範囲＞コマンドの＜文字位置・集計＞を実行します。

文字列の整列は、＜文字位置・集計＞コマンドを実行します。続いて、バラバラに配置された文字列に対して列間隔を指定します。

サンプル ▶ 282.jww

1 ＜範囲＞をクリックし、

2 範囲始点をクリックして、

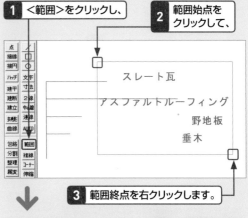

3 範囲終点を右クリックします。

4 ＜文字位置・集計＞をクリックし、

5 ＜▼＞→＜10, 0＞をクリックして、

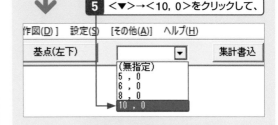

6 上の横線の端点を右クリックして配置します。

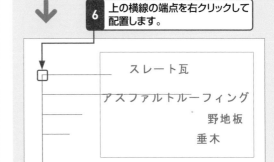

Jw_cadの概要

基本操作と作図の準備

線と点の作図

図形の作図

図形の選択と削除

図形と線の編集

レイヤと属性

文字と寸法の入力

画像の配置と印刷

Jw_cadの便利な機能

文字列操作の基本　　重要度 ★★★

Q 283 文字列を検索したい!

A 対象の文字列を選択後に<文字位置・集計>→<文字検索>を実行します。

文字列を検索する場合は、<範囲>コマンドで、検索範囲の文字列を選択後、コントロールバーの<文字位置・集計>→<文字検索>を実行します。検索を実行すると、検索文字を含む文字列が選択されるので、移動や削除などの編集が行えます。 サンプル ▶ 283.jww

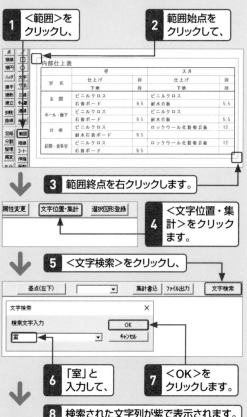

1 <範囲>をクリックし、

2 範囲始点をクリックして、

3 範囲終点を右クリックします。

4 <文字位置・集計>をクリックします。

5 <文字検索>をクリックし、

6 「室」と入力して、

7 <OK>をクリックします。

8 検索された文字列が紫で表示されます。

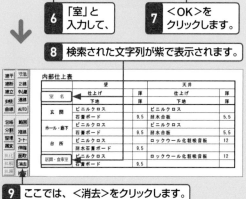

9 ここでは、<消去>をクリックします。

 文字列操作の基本　　重要度 ★★★

Q 284 文字列の背景を白抜きにしたい!

A <基本設定>の<文字>タブで指定します。

文字列の背景を白抜きにする場合は、「基本設定」画面の<文字>タブで、輪郭または文字部分の背景色での作図を指定します。 参照 ▶ Q 040　サンプル ▶ 284.jww

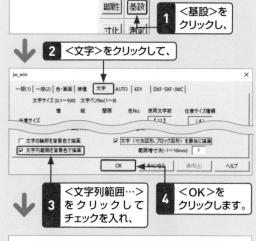

1 <基設>をクリックし、

2 <文字>をクリックして、

3 <文字列範囲…>をクリックしてチェックを入れ、

4 <OK>をクリックします。

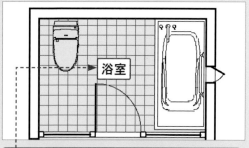

文字列の背景が白となり、目地と色が隠されました。

文字列の輪郭の表示

「基本設定」画面の<文字>タブで、<文字の輪郭を背景色…>にチェックを入れると、文字の輪郭に、白(背景色)で縁どりが付けられます。

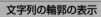

Q 285 Jw_cadの寸法線とは？

A 寸法線の形状を細かく指定することができます。

<寸法>コマンドを実行すると、下記のコントロールバーが表示されるので、ここから目的にあった寸法線を指定します。寸法線の形状は、「寸法設定」画面で設定することができ、各種図面に対応しています。

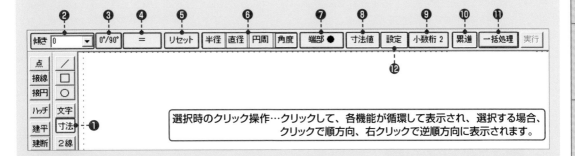

❷ ❸ ❹ ❺ ❻ ❼ ❽ ❾ ❿ ⓫

傾き 0 ／ 0°/90° ／ = ／ リセット ／ 半径 直径 円周 角度 ／ 端部 ● ／ 寸法値 ／ 設定 ／ 小数桁 2 ／ 累進 ／ 一括処理 ／ 実行

❶

点 接線 接円 ハッチ 建平 建断 ／ □ ○ 文字 寸法 2線

選択時のクリック操作…クリックして、各機能が循環して表示され、選択する場合、クリックで順方向、右クリックで逆順方向に表示されます。

⓬

---

❶<寸法>コマンド
メニューバーの<作図>→<寸法>や、<左PM-11時>でも実行できます。

❷<傾き>指定
寸法線の傾きを設定します。<線角>コマンドを使って既存線から線角度を取得することもできます。
参照 ▶ Q 296,300,301

❸水平／垂直の切り替え
寸法線の傾きをクリックするたびに0°と90°を切り替えます。Spaceキーや<左PM-1時>でも操作可能です。
参照 ▶ Q 295

❹引出し線タイプの切り替え
標準的な寸法線の入力タイプに加え、3種類の入力タイプの設定が可能です。クリックして順次変更します。<左PM-2時>でもクリックと同様に順次変更できます。
参照 ▶ Q 292,297,298

❺<リセット>ボタン
ここをクリックすると、寸法線の作図作業は停止され、そこまでに作図された寸法線は確定します。このとき、寸法線の作図設定はそのまま継続されています。<左PM-3時>でも操作可能です。

❻測定モードの選択
距離以外の角度や半径・直径などの寸法線の作図モードを変更します。
参照 ▶ Q 300,301,302,303

❼寸法線端部形状の指定
寸法線の端部の形状を変更します。作図属性は「作図属性」画面で指定します。
参照 ▶ Q 287,299

❽寸法値の移動など
2点間の寸法値のみの記入、寸法値の移動、寸法値の変更を行います。
参照 ▶ Q 307,308

❾少数桁の変更
クリックするたびに小数点以下の桁数を<0>→<1>→<2>→<3>で循環変更します。「寸法設定」画面で設定した桁数が表示されます。
参照 ▶ Q 290

❿累進寸法の作図
開始線からの合計距離を表す、累進寸法を作図します。
参照 ▶ Q 294,304

⓫<一括処理>での作図
まとめて基準線を指示して、寸法線を作図します。
参照 ▶ Q 305

⓬「寸法設定」画面の表示
メニューバーの<設定>→<寸法設定>からでも表示することができます。

●「寸法設定」画面
寸法線の形状ついて各種設定を行います。
参照 ▶ Q 286～294

寸法設定　　　　　　　　　　　　×
【設定値は図寸(mm)単位】　　　　OK
文字種類 2　フォント 高速ゴシック ▼　□ 斜体
寸法線色 1　引出線色 1　矢印・点色 1　□ 太字
寸法線と文字の間隔 0.5　矢印設定　長さ 3
引出線の突出寸法 0　□ ソリッド　角度 15
□ 文字方向補正　逆矢印の寸法線突出寸法 5
□ 全角文字　□ (,)をスペース　□ (,)全角　□ (.)全角
□ 寸法単位　　　　　　　　　□ 寸法単位表示
　　○ mm　○ m　　　　　　○ 有　○ 無
□ 寸法値の(,)表示　　　　　□ 小数点以下の0表示
　○ 有　○ 無　　　　　　　　○ 有　○ 無
□ 小数点以下
　表示 桁数　○ 0桁　○ 1桁　○ 2桁　○ 3桁
　表示桁以下　○ 四捨五入　○ 切捨　○ 切上
□ 半径(R)、直径(φ)　○ 前付　○ 後付
□ 角度単位　　　　　　　□ 度(°)単位追加 無
　○ 度(°)　○ 度分秒　　小数点以下桁数 4
□ 引出線位置・寸法線位置 指定 [=(1)] [=(2)]
　指定1 引出線位置 5　　　寸法線位置 10
　指定2 引出線位置 0　　　寸法線位置 5
　指示点からの引出線位置 指定 [-]
　　引出線位置 3　　　　　　　　　OK
□ 累進寸法
　□ 基点円 円半径 0.75　　　□ 文字高位置中心
□ 寸法線と値を【寸法図形】にする。円周、角度、寸法は除く
□ 寸法図形を複写・パラメトリック変形等で寸法設定に変更
□ 作図した寸法線の角度を次回の作図に継続する
□ 寸法をグループ化する

Jw_cadの概要
基本操作と作図の準備
線と点の作図
図形の作図
図形の選択と削除
図形と線の編集
レイヤと属性
文字と寸法の入力
画像の配置と印刷
Jw_cadの便利な機能

Q286 寸法線の色や太さに文字の設定をしたい！

A 「寸法設定」画面から設定します。

寸法線の設定は「寸法設定」画面を開きます。ここで、入力する寸法は実寸値です。線色を指定すると、線の太さも線色に割り当てられたものになります。

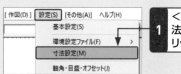

1 ＜設定＞→＜寸法設定＞をクリックします。

2 寸法値のフォント、寸法値の大きさ（＜文字種類＞で設定）を設定します。

3 寸法線色、引き出し線色、矢印・点色を数値で指定します。

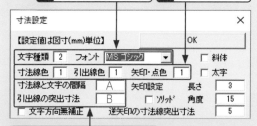

4 各寸法は実寸で入力します。

設定について

寸法値の大きさは、「基本設定」画面の＜文字＞タブで設定した文字種に対応します。また、手順3の設定は、Q.070で設定された、色、太さに対応します。

参照 ▶ Q 254,070

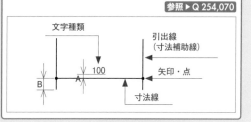

寸法補助線と引出し線

寸法線と寸法を指定する外形線の間をつなぐ線を、JISでは「寸法補助線」といいます。建築図面では、これを習慣的に「引出し線」と呼ぶことがあり、Jw_cadでは、この線を「引出線」と記しているため、本章では、これに準じて「引出し線」と記述しています。

Q287 寸法線端部を矢印にしたい！

A 「寸法設定」画面から設定します。

寸法線の端部の形状を＜●＞だけでなく、＜-＞＞にして、サイズを設定することができます。矢印や点の設定は、「寸法設定」画面から行います。　参照 ▶ Q 299

● 寸法線の端部形状の変更

＜寸法＞コマンドを実行後、タスクバーに表示される＜端部●＞をクリックすると＜端部-＞＞→＜端部-＜＞と循環（右クリックで逆循環）して表示されます。

1 ＜寸法＞をクリックして、

2 ＜端部●＞をクリックして、＜端部-＞＞を表示します。

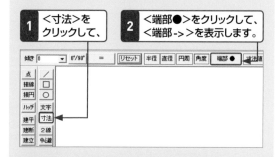

● 「寸法設定」画面での端部形状の設定

この設定では、寸法線の数値は　文字種[2]フォントは＜MSゴシック＞＜寸法線＞と＜引出し線＞、＜矢印・点＞の線種は＜1＞に設定されています。つまり、＜線種[1]＞の線色と太さで、これらの線が作図されます。

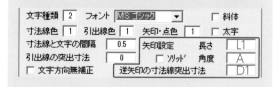

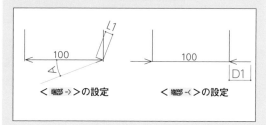

＜端部-＞＞の設定　　　＜端部-＜＞の設定

Q288 単位を付けて寸法線を作図したい!

A 「寸法設定」画面から設定します。

単位を付けた寸法線は、＜寸法単位表示＞の＜有＞をクリックしてチェックを入れます。

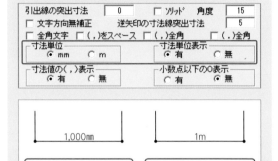

寸法単位：＜mm＞
寸法単位表示：＜有＞

寸法単位：＜m＞
寸法単位表示：＜有＞

Q289 寸法値に桁区切り＜,＞を付けたい!

A 「寸法設定」画面から設定します。

寸法値に桁区切り＜,＞を付ける場合は、＜寸法値の(,)表示＞の＜有＞をクリックしてチェックを入れます。

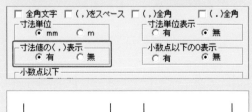

寸法値の(,)表示：
＜有＞

寸法値の(,)表示：
＜無＞

Q290 寸法値に小数点以下の桁数を設定したい!

A 「寸法設定」画面から設定します。

寸法値に小数点以下を表示したい場合は、＜小数点以下＞の各項目をクリックしてチェックを入れます。

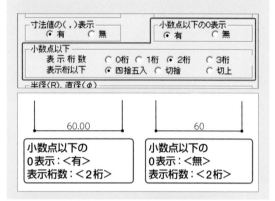

小数点以下の
0表示：＜有＞
表示桁数：＜2桁＞

小数点以下の
0表示：＜無＞
表示桁数：＜2桁＞

Q291 半径や直径の寸法補助記号を表示したい!

A 「寸法設定」画面から設定します。

寸法補助記号を表示したい場合は、＜半径(R)、直径(Φ)＞の＜前付＞または＜後付＞をクリックしてチェックを入れます。

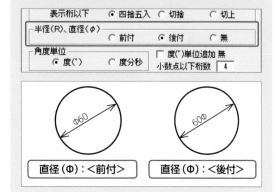

直径(Φ)：＜前付＞

直径(Φ)：＜後付＞

Q 292 引出し線タイプを設定したい！

A 「寸法設定」画面から設定します。

引出し線タイプとして、事前に引出し線と寸法線の位置を登録しておくと、寸法線を作図することができます。「寸法設定」画面を開いて設定し、3種類登録することができます。

参照 ▶ Q 297,298

● 引出し線タイプの変更

1 ＜寸法＞をクリックし、

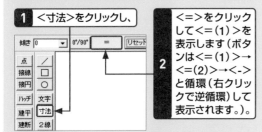

2 ＜＝＞をクリックして＜＝(1)＞を表示します（ボタンは＜＝(1)＞→＜＝(2)＞→＜ー＞と循環（右クリックで逆循環）して表示されます。）。

● 「寸法設定」画面での引出し線タイプの設定

Q.286を参考に「寸法設定」画面を表示します。

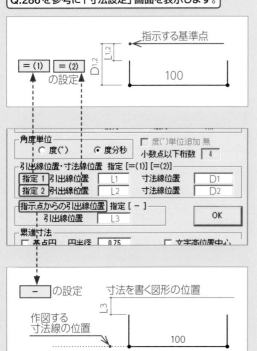

Q 293 角度寸法の単位を設定したい！

A 「寸法設定」画面から設定します。

角度寸法の単位の設定は、＜角度単位＞の設定する項目をクリックしてチェックを入れます。

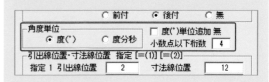

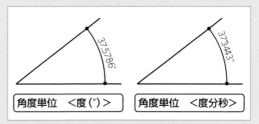

角度単位　＜度（°）＞	角度単位　＜度分秒＞

Q 294 累進寸法の設定をしたい！

A 「寸法設定」画面から設定します。

累進寸法の設定は、＜累進寸法＞の項目をクリックしてチェックを入れます。

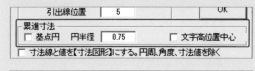

＜基点円＞、＜文字高位置中心＞にチェック無	＜基点円＞、＜文字高位置中心＞にチェック有

Q 295 水平／垂直な寸法線を書きたい！

A <寸法>コマンドを実行します。

<寸法>コマンドを実行すると、長さ寸法記入となります。引出し線と寸法線の位置を指示後、寸法を測定する位置を指示します。　**サンプル▶ 295.jww**

● 水平方向の寸法線を書く

1 <寸法>をクリックし、

2 <=>を確認して、

3 引出し線の位置として、任意点をクリックし、

4 寸法線位置として、任意点をクリックします。

5 寸法の始点で右クリックし、

6 中間点で右クリックして、

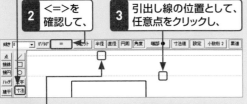

7 寸法の終点で右クリックします。

8 <リセット>をクリックします。

● 鉛直方向の寸法線を書く

1 <0°/90°>をクリックし、

2 引出し線の始点位置の任意点をクリックします。

3 寸法線位置をクリックし、

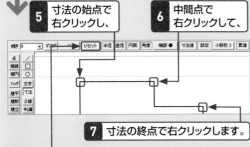

4 寸法位置をそれぞれ上から右クリックします。

Q 296 斜線に平行な寸法線を書きたい！

A <寸法>コマンドを実行後に<線角>コマンドで角度を取得します。

斜線に平行な寸法線を書く場合は、<寸法>コマンド実行します。続けて<線角>コマンドで斜線の線角度を取得し、水平／垂直な寸法線と同様にして、寸法線を書きます。　**サンプル▶ 296.jww**

1 <寸法>をクリックし、

2 <=>を確認して、

3 <線角>をクリックし、

4 角度を取得する斜線をクリックします。

5 引出し線の位置として、任意点をクリックし、

6 寸法線位置として、任意点をクリックします。

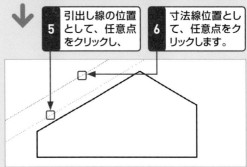

7 寸法の始点を右クリックし、

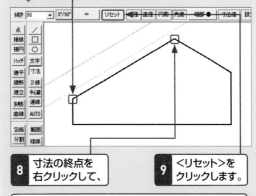

8 寸法の終点を右クリックして、

9 <リセット>をクリックします。

手順**3**〜**9**と同様に、残りの斜線の寸法を書きます。

Jw_cadの概要

基本操作と作図の準備

線と点の作図

図形の作図

図形の選択と削除

図形と線の編集

レイヤと属性

文字と寸法の入力

画像の配置と印刷

Jw_cadの便利な機能

187

Q 297 引出し線（寸法補助線）タイプを設定したい！

A コントロールバーの＜＝＞をクリックしてタイプを変更します。

Q.292で説明したように、「寸法設定」画面で、＜引出し線タイプ＞を設定して寸法線を書くことで、寸法線の位置を揃えることができます。設定した引出し線タイプは、コントロールバーの＜＝＞をクリックして変更します。ここでは、＜＝（1）＞と＜＝（2）＞で寸法線を書く方法を解説します。

参照 ▶ Q 292 **サンプル ▶ 297.jww**

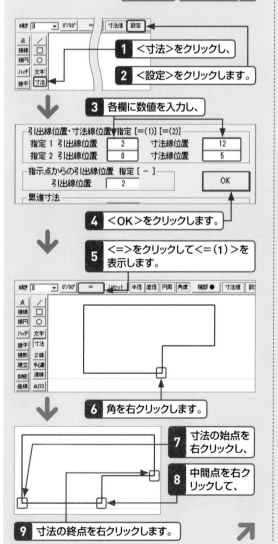

1 ＜寸法＞をクリックし、

2 ＜設定＞をクリックします。

3 各欄に数値を入力し、

引出線位置・寸法線位置 指定 [＝(1)] [＝(2)]		
指定 1 引出線位置	2	寸法線位置 12
指定 2 引出線位置	0	寸法線位置 5
指示点からの引出線位置 指定 [－]		
引出線位置	2	OK
累進寸法		

4 ＜OK＞をクリックします。

5 ＜＝＞をクリックして＜＝（1）＞を表示します。

6 角を右クリックします。

7 寸法の始点を右クリックし、

8 中間点を右クリックして、

9 寸法の終点を右クリックします。

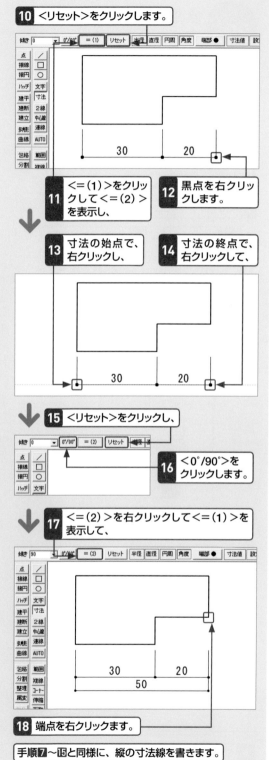

10 ＜リセット＞をクリックします。

11 ＜＝（1）＞をクリックして＜＝（2）＞を表示し、

12 黒点を右クリックします。

13 寸法の始点で、右クリックし、

14 寸法の終点で、右クリックして、

15 ＜リセット＞をクリックし、

16 ＜0°／90°＞をクリックします。

17 ＜＝（2）＞を右クリックして＜＝（1）＞を表示して、

18 端点を右クリックます。

手順 **7** ～ **15** と同様に、縦の寸法線を書きます。

Q298 タイプ設定した反対向きで寸法線を書きたい！

A 基準点をダブルクリックで指示します。

引出し線タイプで設定をした引出し方向を、上下または左右反対向きで寸法線を書く場合には、基準点の指示をダブルクリックでします。

参照 ▶ Q 292　サンプル ▶ 298.jww

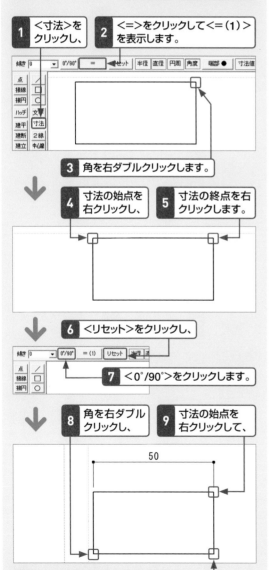

1 ＜寸法＞をクリックし、

2 ＜＝＞をクリックして＜＝ (1) ＞を表示します。

3 角を右ダブルクリックします。

4 寸法の始点を右クリックし、

5 寸法の終点を右クリックします。

6 ＜リセット＞をクリックし、

7 ＜0°/90°＞をクリックします。

8 角を右ダブルクリックし、

9 寸法の始点を右クリックして、

50

10 寸法の終点を右クリックします。

Q299 寸法線端部を矢印で書きたい！

A ＜寸法＞コマンドを実行後に＜端部●＞をクリックして変更します。

Q.287で説明したように、寸法線の端部の形状を＜●＞ではなく、矢印で書くことができます。ここでは、＜端部->＞と＜端部->＞で寸法線を書く場合を解説します。

参照 ▶ Q 287　サンプル ▶ 299.jww

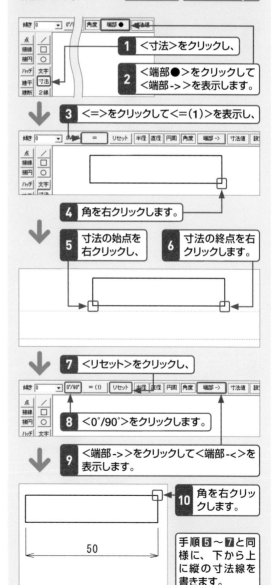

1 ＜寸法＞をクリックし、

2 ＜端部●＞をクリックして＜端部->＞を表示します。

3 ＜＝＞をクリックして＜＝ (1) ＞を表示し、

4 角を右クリックします。

5 寸法の始点を右クリックし、

6 寸法の終点を右クリックします。

7 ＜リセット＞をクリックし、

8 ＜0°/90°＞をクリックします。

9 ＜端部->＞をクリックして＜端部-<＞を表示します。

10 角を右クリックします。

50

手順 5 〜 7 と同様に、下から上に縦の寸法線を書きます。

Jw_cadの概要

基本操作と作図の準備

線と点の作図

図形の作図

図形の選択と削除

図形と線の編集

レイヤと属性

文字と寸法の入力

画像の配置と印刷

Jw_cadの便利な機能

Q300 半径寸法を書きたい！

A ＜寸法＞コマンドを実行後に＜半径＞を指示します。

半径寸法を書く場合は、＜寸法＞コマンドを実行します。続いて、＜半径＞をクリックして、寸法線の＜傾き＞を指示し、対象の円・円弧を指示します。

サンプル ▶ 300.jww

1 ＜寸法＞をクリックし、

2 ＜端部●＞をクリックして＜端部 -＞＞を表示します。

3 ＜半径＞をクリックし、

4 ＜傾き＞に「45」と入力して、

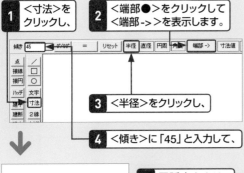

5 円弧上をクリックします。

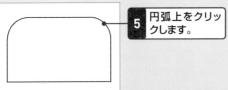

6 ＜半径＞をクリックし、

7 任意点で＜左 PM-0 時＞とすると、

8 傾きが＜45＞から＜-45＞に反転します。

9 円弧上を右クリックします。

半径・直径の寸法位置

半径や直径寸法を書くとき、円・円周の指示をクリックすると円周の内側に、右クリックすると円周の外側に値が書かれます。

Q301 直径寸法を書きたい！

A ＜寸法＞コマンドを実行後に＜直径＞を指示します。

直径寸法を書く場合は、＜寸法＞コマンドを実行します。続いて＜直径＞をクリックして、寸法線の＜傾き＞を指示し、対象の円・円弧を指示します。

サンプル ▶ 301.jww

1 任意点で＜左 PM-11 時＞とし、

2 ＜直径＞をクリックして、

3 ＜傾き＞に「45」と入力します。

4 円周上をクリックします。

5 ＜直径＞をクリックし、

6 任意点で＜左 PM-0 時＞とすると、

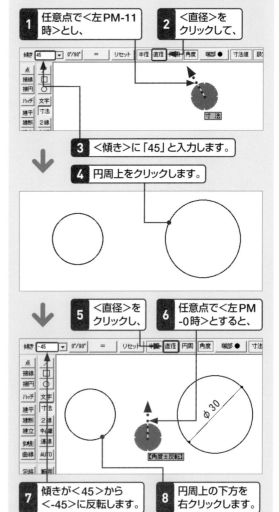

7 傾きが＜45＞から＜-45＞に反転します。

8 円周上の下方を右クリックします。

直径寸法の外側配置

半径や直径寸法を外側に配置する場合、数値を表示する側の円周上を右クリックします。

Q 302 円周寸法を書きたい!

A <寸法>コマンドを実行後に<円周>を指示します。

円周寸法を書く場合は、<寸法>コマンドを実行します。続いて、<円周>をクリックして、円・円弧を指示し、寸法線の位置、円周の始点と終点を指示します。

サンプル ▶ 302.jww

1 任意点で<左PM-11時>とし、

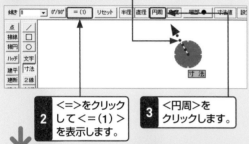

2 <=>をクリックして<=(1)>を表示します。

3 <円周>をクリックします。

4 対象の円周上をクリックし、

5 寸法位置を端点を右クリックします。

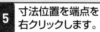

6 測定点の始点を右クリックし、

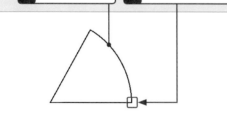

7 測定点の終点を右クリックします。

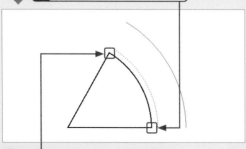

円周の範囲指示

一般にCADで、円周上の範囲を指示する場合には、反時計回りとなるように指示します。

Q 303 角度を書きたい!

A <寸法>コマンドを実行後に<角度>を指示します。

角度を書く場合は、<寸法>コマンドを実行します。続いて、<角度>をクリックして、角度の原点や寸法線の位置、角度の始点と終点を指示します。

参照 ▶ Q 293　サンプル ▶ 303.jww

1 任意点で<左PM-11時>とし、

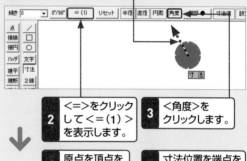

2 <=>をクリックして<=(1)>を表示します。

3 <角度>をクリックします。

4 原点を頂点を右クリックし、

5 寸法位置を端点を右クリックします。

6 測定の始点を右クリックし、

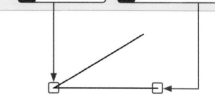

7 測定の終点を右クリックします。

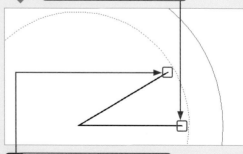

円周の範囲指示

一般にCADで、円周上の範囲を指示する場合には、反時計回りとなるように指示します。

Q304 累進寸法を書きたい！

A <寸法>コマンドを実行後に<累進>を指示します。

始点からの合計距離を表すのが累進寸法です。累進寸法を書くには、<寸法>コマンドを実行後、コントロールバーに表示される<累進>を実行します。

参照▶Q294　サンプル▶304.jww

1 <寸法>をクリックし、

2 <設定>をクリックします。

3 <基点円>をクリックしてチェックを入れます。

4 <円半径>に「1.6」と入力します。

5 <OK>をクリックします。

6 <=>をクリックして<=(1)>を表示し、

7 <累進>をクリックして、

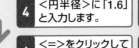

8 頂点を右クリックします。

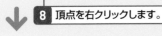

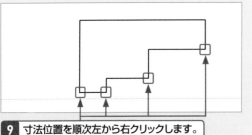

9 寸法位置を順次左から右クリックします。

Q305 まとめて基準線を指示して寸法線を書きたい！

A <寸法>コマンドを実行後に<一括処理>を指示します。

寸法線の基準となる基準線をまとめて指示することで、一気に寸法線を書くことができます。方法は寸法線位置を指示後、コントロールバーに表示される<一括処理>を実行します。

サンプル▶305.jww

1 任意点で<左PM-11時>とし、

2 <=>をクリックして<=(1)>を表示し、

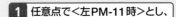

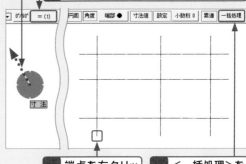

3 端点を右クリックして、

4 <一括処理>をクリックします。

5 始まりの基準線をクリックし、

6 終わりの基準線をクリックして、

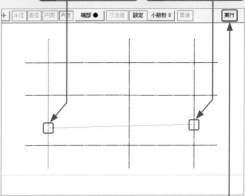

7 <実行>をクリックします。

基準線の除外と追加

寸法線をひく基準線を指示後、基準線をクリックして選択を解除したり、選択を追加したりすることができます。

Q306 引出し線（寸法補助線）を斜めに引出したい！

A 30°と45°の角度で引出し線（寸法補助線）を引出すことができます。

引出し線と寸法位置を指示後コントロールバーに表示される＜引出角（0）＞をクリックして、±30°、±45°のいずれかを選択します。　**サンプル▶ 306.jww**

1	任意点で＜左PM-11時＞とし、
2	＜＝＞をクリックして＜＝（2）＞を表示し、

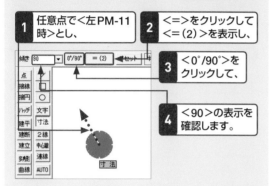

3 ＜0°/90°＞をクリックして、

4 ＜90＞の表示を確認します。

5 引出し線の位置の頂点で右クリックし、

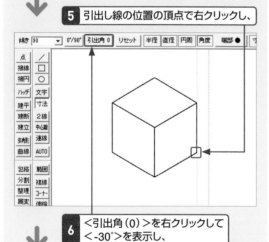

6 ＜引出角（0）＞を右クリックして＜-30°＞を表示し、

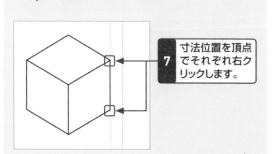

7 寸法位置を頂点でそれぞれ右クリックします。

Q307 寸法値だけを書きたい！

A ＜寸法＞コマンドを実行後に＜寸法値＞を指示します。

寸法値だけを書く場合は、＜寸法＞コマンドを実行します。続いて、＜寸法値＞を実行して、引出し線や寸法線なしに、指示した2点間の寸法値だけを書きます。　**サンプル▶ 307.jww**

1	＜寸法＞をクリックし、
2	＜寸法値＞をクリックして、

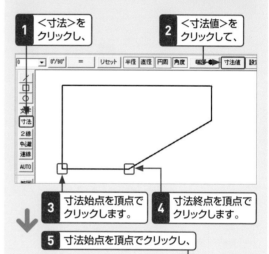

3 寸法始点を頂点でクリックします。

4 寸法終点を頂点でクリックします。

5 寸法始点を頂点でクリックし、

手順3～4で指示した寸法値

6 寸法終点を頂点でクリックします。

7 寸法始点を頂点でクリックし、

手順5～6で指示した寸法値

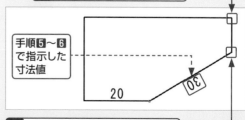

8 寸法終点を頂点でクリックします。

2点を指示する順番方向の右手の、2点間の中点に寸法値が表示されます。

Jw_cadの概要

基本操作と作図の準備

線と点の作図

図形の作図

図形の選択と削除

図形と線の編集

レイヤと属性

文字と寸法の入力

画像の配置と印刷

Jw_cadの便利な機能

Q 308 寸法値を移動したい！

A ＜寸法＞コマンドを実行後に＜寸法値＞を指示します。

寸法値を移動する場合は、＜寸法＞コマンドを実行後、コントロールバーの＜寸法値＞コマンドを実行します。＜文字＞コマンドや＜移動＞コマンドでも移動できますが、寸法値を平行・垂直方向に簡単に移動できます。

サンプル▶308.jww

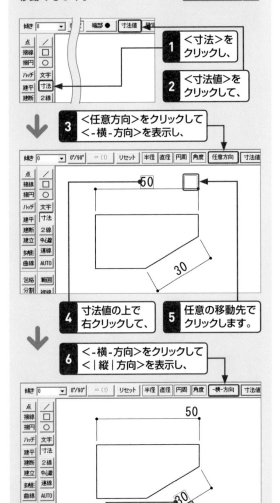

1 ＜寸法＞をクリックし、

2 ＜寸法値＞をクリックして、

3 ＜任意方向＞をクリックして＜-横-方向＞を表示し、

4 寸法値の上で右クリックして、

5 任意の移動先でクリックします。

6 ＜-横-方向＞をクリックして＜|縦|方向＞を表示し、

7 寸法値の上で右クリックして、

8 任意の移動先でクリックします。

Q 309 寸法値の向きを反転させて移動したい！

A ＜文字＞コマンドを実行後に「数値入力」画面を表示します。

この場合は、＜文字＞コマンド実行後、対象の文字列を選択し＜角度＞の＜▼＞を右クリックして「数値入力」画面を表示します。続いて、＜±180°OK＞をクリックして、数値を反転表示させます。

サンプル▶309.jww

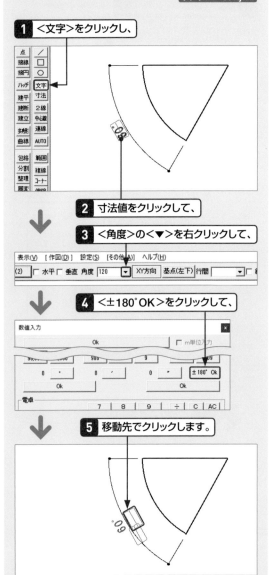

1 ＜文字＞をクリックし、

2 寸法値をクリックして、

3 ＜角度＞の＜▼＞を右クリックして、

4 ＜±180°OK＞をクリックして、

5 移動先でクリックします。

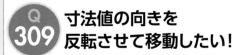

9

画像の配置と印刷

画像の基本操作　重要度 ★ ★ ★

Q310 画像を配置したい!

A ＜文字＞コマンドから配置する方法のほかいろいろあります。

Jw_cadではBMP（ビットマップ）形式の画像ファイルを配置して表示することができます。＜文字＞コマンドで指示する方法のほか、＜画像編集＞コマンドで指示する方法、画像ファイルを直接Jw_cadの画面にドラッグ＆ドロップする方法があります。

サンプル ▶ 310.jww

● ＜文字＞コマンドで画像を配置する

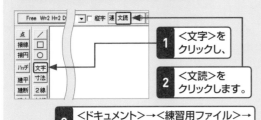

1 ＜文字＞をクリックし、

2 ＜文読＞をクリックします。

3 ＜ドキュメント＞→＜練習用ファイル＞→＜第09章＞とダブルクリックし、

4 ＜Text＞→＜Bitmap＞をクリックして、

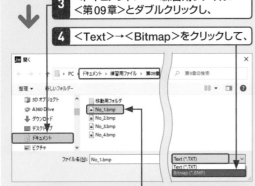

5 ＜No_1.bmp＞をダブルクリックします。

6 配置場所の頂点を右クリックします。

画像ファイルの配置されたときの大きさ

Jw_cadで画像を配置した場合、図寸で横100mmで表示されます。仮配置したあとで、大きさや位置を変更します。

● ＜画像編集＞コマンドで画像を配置する

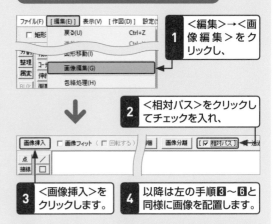

1 ＜編集＞→＜画像編集＞をクリックし、

2 ＜相対パス＞をクリックしてチェックを入れ、

3 ＜画像挿入＞をクリックします。

4 以降は左の手順 **3**〜**6** と同様に画像を配置します。

● 画像ファイルをドラッグ＆ドロップして配置する

1 ＜練習用ファイル＞の＜310.jww＞を開いたあとで、エクスプローラーを使って、配置する画像ファイル＜No_1.bmp＞のある＜第09章＞フォルダーを表示します。

2 ＜No_1.bmp＞をドラッグし、

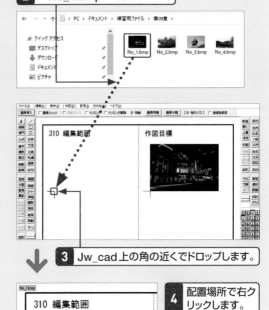

3 Jw_cad上の角の近くでドロップします。

4 配置場所で右クリックします。

Q311 画像の大きさを変更したい！

A <画像編集>コマンドと<文字>コマンドによる方法があります。

画像の大きさの変更方法は2つあります。<画像編集>コマンドを実行後、<画像フィット>で変更する方法と、<文字>コマンドで画像配置に関わる記述の一部を変更する方法です。　**サンプル▶311.jww**

● <画像編集>コマンドで<画像フィット>を実行する

1 <編集>→<画像編集>をクリックし、

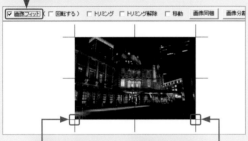

2 <画像フィット>をクリックしてチェックを入れ、

3 編集画像の左下を右クリックし、

4 編集画像の右下を右クリックします。

5 新画像サイズの左下を右クリックし、

6 新画像サイズの右下を右クリックします。

<画像フィット>による画像サイズの変更

<画像フィット>による、画像サイズの変更は、手順❸〜❹で編集する画像の幅を測定し、手順❺〜❻で新たな画像の幅を指定しています。

7 画像が重なって表示されるので、

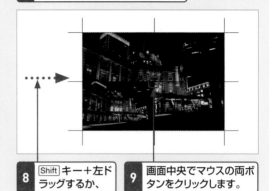

8 Shiftキー＋左ドラッグするか、

9 画面中央でマウスの両ボタンをクリックします。

● <文字>コマンドで記述を変更する

1 <文字>をクリックし、

2 画像の左下をクリックし、

3 「100」を「50」に変更して、

文字変更・移動　　(0/ 24)

`^@BMNo_1.bmp,100,66.6667`

4 Enterキーで確定します。

<文字>コマンドによる画像サイズの変更

「bmp,」のあとの「100」は画像サイズの幅mmを表し、そのあとの「66.6667」が高さmmを表しています。幅のサイズ「100」を直接入力して変更して、画像サイズを変更します。なお、画像の高さは元画像と同じ比率になるように自動変更されますが、数値入力しても反映されません。

文字変更・移動　　(24/ 24)

`^@BMNo_1.bmp,100,66.6667`

Jw_cadの概要

基本操作と作図の準備

線と点の作図

図形の作図

図形の選択と削除

図形と線の編集

レイヤと属性

文字と寸法の入力

画像の配置と印刷

Jw_cadの便利な機能

Q312 画像を移動／複写したい！

A 文字列を移動／複写するのと同じ方法で行います。

画像の移動／複写は、＜文字＞コマンドを実行します。続いて、画像の左下をクリックすると移動、右クリックすると複写状態になるので、クリックで移動／複写先を指示します。

サンプル ▶ 312.jww

● 画像を移動する

1 ＜文字＞をクリックし、

2 移動する画像の左下をクリックして、

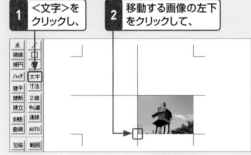

3 移動先の交点を右クリックします。

画像が重なって表示された場合は、画面中央でマウスの両ボタンをクリックします。

● 画像を複写する

1 複写する画像の左下を右クリックし、

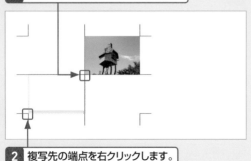

2 複写先の端点を右クリックします。

Q313 画像を消去したい！

A 文字列を消去するのと同じ方法で行います。

画像を消去する場合は、＜消去＞コマンド実行後、画像の左下を右クリックします。画像の下部分を＜範囲選択消去＞します。

サンプル ▶ 313.jww

1 ＜消去＞をクリックして、

2 消去する画像の左下を右クリックします。

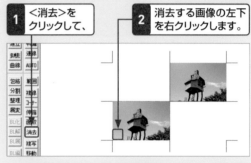

画像が表示されている場合は、画像の中央で両ボタンクリックして表示をリフレッシュしましょう。

3 続いてもう1つの画像も消去します。＜選択順切替＞でクリックして、

4 ＜【文字】優先‥＞と表示されたら、

5 画像の左下で右クリックします。

画像の表示は文字列による記述によるものです

画像は、＜文字列＞による表記にしたがって表示されています。この文字列は、画像の左下角を基点に表記されていて、この文字列を、移動／複写、削除すると画像も同様の結果となります。したがって、画像を表示している文字列を消去するには画像の左下部分を指示します。しかし、ほかの図形が邪魔をして指示できない場合があります。そのような場合には、手順**3**のように＜選択順切替＞をクリックするたびに、優先選択順を＜線等＞と＜文字＞を切り替えることができます。

Q 314 画像をJw_cadファイルに埋め込みたい!

A ＜画像編集＞コマンド実行後に＜画像同梱＞を実行します。

Jw_cadで画像を表示する場合は、画像ファイルをリンク（参照）して、その内容をJw_cadの画面上に表示しています。Jw_cadのファイルを移動して、画像ファイルとのリンクが切れてしまったり、画像ファイルそのものがなくなると、画像が表示されなくなってしまいます。このようなことを防ぐために、画像ファイルをJw_cadのファイルに埋め込むことを「画像同梱」といいます。＜画像編集＞コマンドを実行後、＜画像同梱＞を実行します。　**サンプル ▶ 314.jww**

1 Q.310の＜＜画像編集＞コマンドで画像を配置する場合＞の手順**1**と同様に、＜画像編集＞コマンドを実行します。

2 ＜画像同梱＞をクリックし、　　**3** ＜OK＞をクリックして、

4 ＜OK＞をクリックします。

＜画像同梱＞後のファイルサイズ

＜画像同梱＞実行後、上書き保存した状態をエクスプローラーで見ると下記のように表示されます。保存前の「314.BAK」のファイルサイズ17KBに対して、同梱後の「314.jww」のファイルサイズ3956KBと大きくなっていることが確認できます。

名前	種類	サイズ
312.jww	Jw_win Document	3,080 KB
313.jww	Jw_win Document	3,080 KB
314.BAK	BAK ファイル	17 KB
314.jww	Jw_win Document	3,956 KB
No_1.bmp	BMP ファイル	7,382 KB

Q 315 埋め込んだ画像をJw_cadファイルから分離したい!

A ＜画像編集＞コマンド実行後に＜画像分離＞を実行します。

＜画像同梱＞を実行することで、リンク切れなどにより画像が表示されなくなることを防ぐことができますが、ファイルサイズが大きくなります。必要に応じて同梱を解除して、画像ファイルを分離することができます。＜画像編集＞コマンドを実行後、＜画像分離＞を実行します。　**サンプル ▶ 315.jww**

1 Q.310の＜＜画像編集＞コマンドで画像を配置する場合＞の手順**1**と同様に、＜画像編集＞コマンドを実行します。

2 ＜画像分離＞をクリックし、

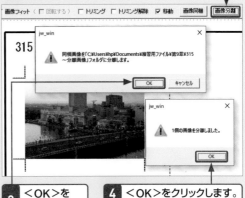

3 ＜OK＞をクリックして、　**4** ＜OK＞をクリックします。

＜画像分離＞後のファイル

＜画像分離＞した後、上書き保存した状態を、エクスプローラーで見ると下記のように表示されます。保存前の「315.BAK」のファイルサイズ3956KBに対して、同梱後の「315.jww」のファイルサイズは17KBと小さくなっていることが確認できます。また、「315〜分離画像」フォルダーが作成されていて、この中に画像ファイルが作成されています。Jw_cadに表示されている画像はこの中のファイルにリンクされています。

名前	種類	サイズ
315〜分離画像	ファイル フォルダー	
310.jww	Jw_win Document	3,848 KB
311.jww	Jw_win Document	3,848 KB
315.BAK	BAK ファイル	3,956 KB
315.jww	Jw_win Document	17 KB

Q 316 JWWファイルと画像ファイルを移動／複写したい！

A 同じフォルダ内に入れて移動／複写します。

Jw_cadで画像を表示している場合、ファイルを受け渡しするなど、移動／複写すると、画像ファイルとJWWファイルの接続（リンク）が切れて画像が表示されなくなってしまいます。「画像同梱」するのが確実な方法ですが、表示している画像に修正を加えた場合には、画像を削除したうえで、再度配置する必要があります。画像同梱していない場合には、修正した画像を上書きするだけで、その結果がJw_cadに反映されるので便利です。画像ファイルとJWWファイルを移動する場合には同じフォルダに格納します。

参照 ▶ Q 314 　サンプル ▶ 316.jww

● 画像ファイルの配置

1 Q.310の「＜文字＞コマンドで画像を配置する」を参考に、画像ファイル＜No_4.bmp＞を配置します。

2 ＜上書＞をクリックして保存したら、終了します。

● JWW ファイルと画像ファイルの移動

1 ＜スタート＞→＜エクスプローラー＞で＜エクスプローラー＞を表示して、

2 ＜ドキュメント＞→＜練習用ファイル＞→＜第09章＞をクリックして、

3 ＜316.jww＞と＜No_4.bmp＞を＜移動用フォルダ＞へドラッグして移動します。

PC ＞ ドキュメント ＞ 練習用ファイル ＞ 第09章 ＞ 　　∨ ひ 　 𝒫 第9章の検索

移動用フォルダ			
310.jww	315.jww	323.jww	332.jww
311.jww	316.jww	325.jww	No_1.bmp
312.jww	317.jww	327.jww	No_2.bmp
313.jww	318.jww	328.jww	No_3.bmp
			No_4.bmp

4 ＜移動用フォルダ＞をダブルクリックして開き、移動した＜316.jww＞を開きます。

5 リンクが切れて、画像が表示されていません。

6 ＜文字＞をクリックして、

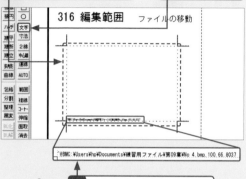
316 編集範囲　ファイルの移動

^@BMC:¥Users¥hp¥Documents¥練習用ファイル¥第09章¥No_4.bmp,100,66.8037

7 ＜文字列＞上をクリックし、

文字変更・移動　（ 4/ 68）
^@BMC:¥Users¥hp¥Documents¥練習用ファイル¥第09章¥No_4.bmp

8 ＜C:¥…¥第09章¥＞を削除して、Enterキーで確定すると、

316 編集範囲　ファイルの移動

9 画像が表示されます。

10 ＜上書＞をクリックして保存します。

ファイルの移動

JWWファイルと画像ファイルの入った「移動用フォルダ」ごと移動した場合は、画像のリンクが切れずに表示されます。フォルダ名は自由に設定できます。

画像を表示する文字列

手順⑧で表示される文字列の、^@BMは画像を表示するコマンドです。また、No_4.bmp,100,66.8037は表示する画像ファイルの名前と表示する画像の大きさ100mm×66.8037mmです。今回は、＜C:¥…¥第09章¥＞を削除して＜^@BMNo_4.bmp,100,66.8037＞としていますが、＜C:¥…¥第09章¥＞は画像ファイルのある場所を指示したものです。つまり、同じフォルダ内に画像ファイルがあるため、この＜C:¥…¥第09章¥＞を削除しているというわけです。

Q 317 画像をトリミングしたい！

A <画像編集>コマンド実行後に<トリミング>を実行します。

画像の周囲に不要な部分がある場合、その部分を除いて画像を切り出すことができます。<画像編集>コマンドを実行後、<トリミング>を実行し、必要な部分を選択します。　**サンプル ▶ 317.jww**

1 <編集>→<画像編集>をクリックし、

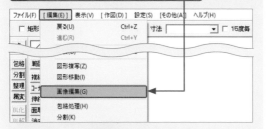

2 <トリミング>をクリックしてチェックを入れます。

3 範囲始点をクリックし、

4 範囲終点をクリックします。

トリミングしても、画像データは元のまま保たれています。<トリミング>を実行したあとで、<画像フィット>や<移動>により、画像を適当な位置に配置します。

Q 318 トリミングした画像を元に戻したい！

A <画像編集>コマンド実行後に<トリミング解除>を実行します。

<トリミング>を実行して切り取った画像でも、元の画像データは保たれているので、元に戻すことができます。その際は<画像編集>→<トリミング解除>を実行し、解除する画像を指示します。　**サンプル ▶ 318.jww**

1 <編集>→<画像編集>をクリックし、

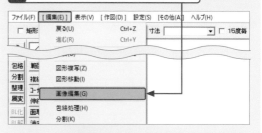

2 <トリミング解除>をクリックしてチェックを入れ、

3 解除する画像上をクリックします。

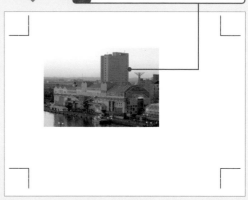

<トリミング>実行後、<移動>や<画像フィット>などを行った場合には、その状態での<トリミング解除>となるので、元の状態とは場所や、大きさが変わって表示されます。

Jw_cadの概要

基本操作と作図の準備

線と点の作図

図形の作図

図形の選択と削除

図形と線の編集

レイヤと属性

文字と寸法の入力

画像の配置と印刷

Jw_cadの便利な機能

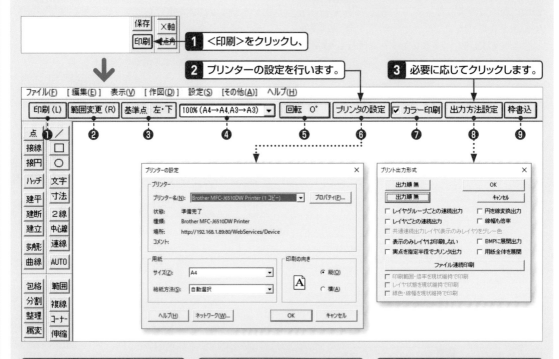

Q319 Jw_cadで印刷するには？

A ＜印刷＞コマンドを実行します。

図面を印刷する場合は、＜印刷＞コマンドを実行後に表示される、「プリンターの設定」画面で、使用するプリンタ、用紙サイズ、印刷の向きを設定します。続いて、コントロールバーに表示される＜ボタン＞から、印刷範囲の設定や縮小／拡大率の設定などを行います。

1 ＜印刷＞をクリックし、

2 プリンターの設定を行います。

3 必要に応じてクリックします。

❶印刷ボタン

設定を完了後にクリックして印刷を実行します。この状態で作図画面上をクリックしても印刷が実行されます。不用意にクリックすると印刷されるので注意してください。

❷印刷範囲の変更

クリックして印刷範囲を示す赤枠を移動し、赤枠を配置します。作図画面上で右クリックしても、印刷範囲を示す赤枠が移動状態になります。 **参照 ▶ Q 322,323**

❸印刷範囲枠の基準点位置

印刷範囲を示す赤枠の基準点を指示します。クリックするたびに、＜左下＞→＜中下＞→＜右下＞→＜左中＞→＜中中＞→＜右中＞→＜左上＞→＜中上＞→＜右上＞と順次循環します。 **参照 ▶ Q 323**

❹印刷倍率

拡大／縮小印刷する場合の倍率を設定します。＜▼＞をクリックして、倍率を選択する方法と、倍率を数値入力で指示する方法があります。 **参照 ▶ Q 328**

❺回転

印刷範囲を示す赤枠の向きを、クリックするたびに、＜回転0°＞→＜90°回転＞→＜-90°回転＞と順次循環します。 **参照 ▶ Q 321**

❻プリンタの設定

「プリンタの設定」画面を表示して、印刷するプリンタの選択や用紙のサイズ、向きなどを設定します。 **参照 ▶ Q 320,333**

❼カラー印刷

カラープリンタに出力する場合、ここにチェックが入っているとカラーで印刷されます。 **参照 ▶ Q 324,331**

❽出力方法設定

「プリント出力形式」画面を表示して、＜レイヤグループごとの連続出力＞や＜ファイルの連続出力＞などの設定を行います。 **参照 ▶ Q 329,330**

❾枠書込

赤枠で表示されている印刷範囲枠を、書込み線種・線色で書込みレイヤに作図します。 **参照 ▶ Q 332**

Q 320 Jw_cadでファイルを印刷したい!

A <印刷>コマンド実行後に<プリンター設定>で用紙を指示します。

A4横用紙に設定されたJw_cadのファイルを印刷してみましょう。プリンタは、個々のパソコンに接続されたものを選択してください。　サンプル ▶ 320.jww

1 <印刷>をクリックし、

2 <▼>→<使用するプリンター>を選択します。

3 <横>をクリックし、

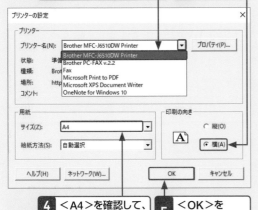

4 <A4>を確認して、

5 <OK>をクリックします。

6 赤い印刷枠がこのように表示されたら、

7 <印刷>をクリックするか、任意点をクリックします。

Q 321 印刷範囲枠の表示が縦位置で表示されてしまった!

A <回転 0°>をクリックして<90°回転>とします。

プリンタの印刷向きの設定が正しくないと、赤い印刷枠が縦方向で表示されてしまいます。

1 赤い印刷枠がこのように表示されたら、

2 <回転 0°>をクリックして<90°回転>とします。

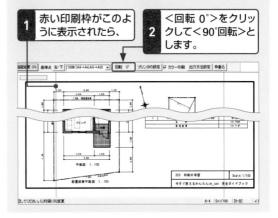

Q 322 印刷範囲枠の表示がずれて表示されてしまった!

A <範囲変更>をクリックして正しい表示位置でクリックします。

印刷範囲枠の表示がずれて表示された場合は、<範囲変更>をクリックして、正しい表示位置でクリックします。

1 赤い印刷範囲枠がずれて表示されたら、

2 <範囲変更>をクリックして、

3 印刷範囲枠が正しい位置をクリックします。

Q 323 印刷範囲枠と用紙枠の中央を一致させたい！

A ＜範囲変更＞を実行し基準点を＜中・中＞に指定します。

印刷範囲枠と用紙枠の中央を一致させて印刷したい場合は、まず図面を縮小表示して全体を把握し、プリンターの設定で印刷の向きを変更したら、＜範囲変更＞を実行します。

サンプル ▶ 323.jww

1 画面中央付近で＜両ボタンドラッグ-左上＞で画面を＜縮小表示＞し、

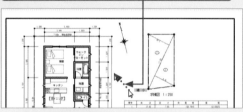

2 ＜印刷＞をクリックします。

3 ＜横＞をクリックし、

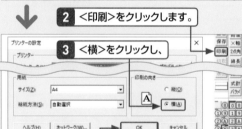

4 ＜OK＞をクリックします。

5 ＜中・中＞が表示されるまで＜左・下＞をクリックし、

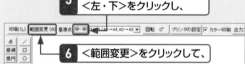

6 ＜範囲変更＞をクリックして、

7 図枠の頂点上で＜右AM-3時＞とし、

8 頂点を右クリックして、

9 ＜印刷＞をクリックします。

Q 324 印刷時の線色と線の太さを設定したい！

A 「基本設定」画面の＜色・画面＞タブで設定します。

印刷するときの線色や線の太さ、点の大きさは、「基本設定」画面の＜色・画面＞タブで設定します。

1 ＜基設＞をクリックし、

2 ＜色・画面＞をクリックします。

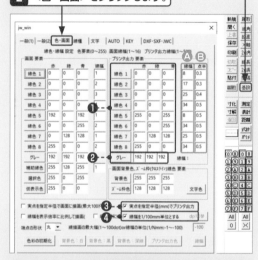

❶線色の設定

線色1～8の印刷色の設定を行います。Q.069と同様に、赤（Red）、緑（Green）、青（Blue）の3原色を、0～255の256階段の濃さで表現します。プリンターで使用する3原色は青緑（Cyan）、赤紫（Magenta）、黄（Yellow）ですが、Jw_cadではRGBで設定したものをCMYに自動変換して印刷されます。

❷グレー表示線の線色指定

＜表示のみレイヤ＞など、グレー表示されるときの線色指定をします。グレー以外での指定も可能です。

❸実点のサイズ指定

ここにチェックを入れると、Ⓑで指定した数値を半径（mm単位）とする大きさで点が印刷されます。

❹線幅指定

ここにチェックを入れると、Ⓐで指定した数値を1/100した線幅（mm単位）で印刷されます。チェックを入れない場合は、Ⓐで指定したドット数の線幅で印刷されます。

Q 325 ファイル名も印刷したい！

A Jw_cad 独自の埋め込み文字を使用して印刷します。

ファイル名の印刷は、＜文字＞コマンドを実行して、埋め込み文字を半角英数字で記述します。ファイル表示に関する埋め込み文字は次のとおりです。

表示の内容	記述
フルパスのファイル名	&F
拡張子付きのファイル名	%f
拡張子なしのファイル名	&f

● ファイル名を印刷する　　　サンプル ▶ 325.jww

1 ＜文字＞コマンドで、「&F」「%f」「&f」を入力します。

目　的	記述	表示結果
フルパスファイル名	&F	&F
ファイル名（拡張子付き）	%f	%f
ファイル名（拡張子なし）	&f	&f

● 印刷状況を確認する

1 ＜基設＞をクリックし、

2 ＜一般（2）＞をクリックして、

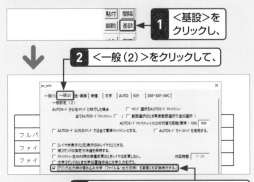

3 ＜プリンタ出力時の埋め込み文字…＞をクリックしてチェックを入れ、

4 ＜OK＞をクリックします。

5 ファイル名が表示されます。

目　的	記述	表示
フルパスファイル名	&F	C:¥Users¥hp¥Documents¥練習章¥325.jww
ファイル名（拡張子付き）	%f	325.jww
ファイル名（拡張子なし）	&f	325

Q 326 どんな埋め込み文字があるの？

A 日時や縮尺に関するものがあります。

ファイルや時間に関する埋め込み文字は次のとおりです。1つの文字列に連続して記述することはできません。それぞれを独立した文字列で列記します。

ファイルの保存日時に関するもの

表示の内容	記述	表示例
保存日時	=F	2021/9/15 16:10:15
保存日	=f	2021/ 9/15
保存年（平成）	=Y	33
保存年（西暦下2桁）	=y	21
保存月	=m	09
保存時 AM・PM	=n	PM
保存午「前・」午「後」	=N	後
保存時（12時間）	=h	4
保存時（24時間）	=H	16
保存分	=M	10
保存秒	=S	15

現在の日時に関するもの

表示の内容	記述	表示例
西暦年/月/日	$j	2021/9/15
令和年/月/日	$J	令和3年9月15日
西暦下2けた	$y	21
月	$m	9
日	$d	15
AM・PM	$n	PM
午「前・」午「後」	$N	後
時（12時間）	$h	4
時（24時間）	$H	16
分	$M	14
秒	$S	20
曜日（日～土）	$w	金
曜日（SUN～SAT）	$wa	FRI

縮尺に関するもの

表示の内容	記述	表示例
縮尺	%SS	1/1
印刷時の実際の縮尺	%SP	1/2

埋め込み文字は、すべて半角英数字で記述します。

Jw_cadの概要

基本操作と作図の準備

線と点の作図

図形の作図

図形の選択と削除

図形と線の編集

レイヤと属性

文字と寸法の入力

画像の配置と印刷

Jw_cadの便利な機能

205

Q327 「現在時間　●時●分●秒」と印刷したい！

A 連続して記入後に＜文字＞コマンドの＜連＞で切断します。

埋め込み文字をつないで記述し、きれいに並べるのはとても面倒です。そのような際は、埋め込み文字と並べて表示する文字をまとめて記入したあとで、＜文字＞コマンドの＜連＞コマンドを使って、文字列を切断します。

サンプル ▶ 327.jww

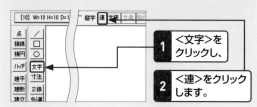

1 ＜文字＞をクリックし、

2 ＜連＞をクリックします。

↓

3 ＜S＞と＜秒＞の間で右クリックし、

現在時間　　$H時 $M分 $S秒

4 ＜分＞と＜$＞の間で右クリックします。

↓

5 矢印の位置で文字列が切断され、＜$S＞により現在時間の秒が表示されます（表示が変わらない場合はQ.325を参照してください）。

現在時間　　$H時 $M分 47秒

↓

6 それぞれの字間で右クリックします。

現在時間　　$H時 $M分 47秒

↓

7 現在時間が表示されます。

現在時間　 1 時40分47秒

Q328 拡大／縮小印刷したい！

A コントロールバーの＜印刷倍率＞で倍率を指定します。

拡大／縮小印刷をする場合は、コントロールバーの＜印刷倍率＞で、縮小／拡大率を指定します。

サンプル ▶ 328.jww

1 Q.320の手順 ❶～❺ を参考に、＜印刷＞コマンドを実行後、＜プリンタの設定＞を行います。ただし、印刷の向きは＜縦＞にします。

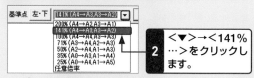

2 ＜▼＞→＜141%…＞をクリックします。

↓

3 ＜範囲変更＞をクリックし、

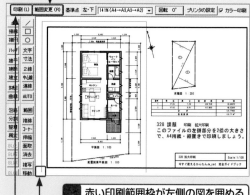

4 赤い印刷範囲枠が左側の図を囲める場所をクリックして、

5 ＜印刷＞をクリックします。

任意の倍率で印刷する

プルダウンメニューに表示されていない倍率で印刷するには、＜任意倍率＞をクリックし、「印刷倍率入力」画面で指定します。

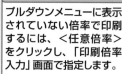

↓

数値入力します。

Jw_cadの概要

基本操作と作図の準備

線と点の作図

図形の作図

図形の選択と削除

図形と線の編集

レイヤと属性

文字と寸法の入力

画像の配置と印刷

Jw_cadの便利な機能

Q 329 複数のファイルをまとめて印刷したい！

A 「プリント出力形式」画面から＜連続印刷＞を指定します。

複数のファイルをまとめて印刷する場合は、＜プリンタの設定＞を行ったあとで、コントロールバーの＜出力方法設定＞で指定します。　**サンプル▶329.jww**

1 Q.320の手順**1**～**5**を参考に、＜印刷＞コマンドを実行後、＜プリンタの設定＞を行います。

2 ＜出力方法設定＞をクリックし、

3 ＜ファイル連続印刷＞をクリックします。

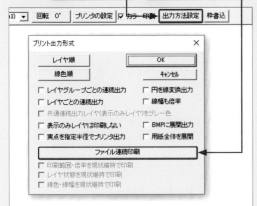

4 ＜328.jww＞をクリックし、

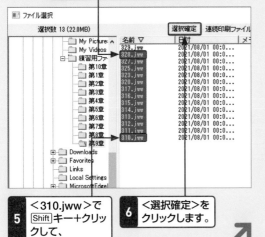

5 ＜310.jww＞で Shift キー＋クリックして、

6 ＜選択確定＞をクリックします。

---

7 ＜OK＞をクリックします。

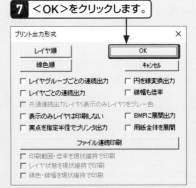

8 ＜印刷＞をクリックします。

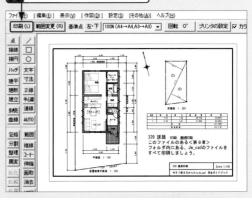

順次、印刷とファイルの読込みが繰り返されます。

一括印刷ファイルの選択と選択解除

一括印刷するファイルの選択時、クリックで選択することができますが1ファイルしか選択できません。複数追加選択するときは、Ctrl キー＋クリックで随時追加選択することができます。同様にして、随時選択解除することも可能です。

一括印刷ファイルの中止

一括印刷を中止する場合は、「プリント出力形式」画面で、＜ファイル連続印刷　クリアー＞をクリックします。

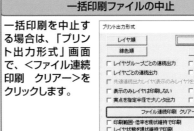

Jw_cadの概要

基本操作と作図の準備

線と点の作図

図形の作図

図形の選択と削除

図形と線の編集

レイヤと属性

文字と寸法の入力

画像の配置と印刷

Jw_cadの便利な機能

Jw_cadの概要

基本操作と作図の準備

線と点の作図

図形の作図

図形の選択と削除

図形と線の編集

レイヤと属性

文字と寸法の入力

画像の配置と印刷

Jw_cadの便利な機能

📝 印刷の基本操作　　　　　重要度 ★ ★ ★

Q 330 レイヤグループごとにまとめて印刷したい！

A 「プリント出力形式」画面で＜レイヤグループごと＞を指定します。

「プリント出力形式」画面で＜レイヤグループごとの連続出力＞を指定すると、レイヤグループごとに、まとめて印刷することができます。

1 ＜出力方法設定＞をクリックし、

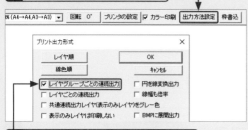

2 ＜レイヤグループごとの連続出力＞をクリックしてチェックを入れます。

📝 印刷の基本操作　　　　　重要度 ★ ★ ★

Q 331 カラー印刷とモノクロ印刷を切り替えたい！

A コントロールバーの＜カラー＞のチェックで切り替えます。

カラー印刷の印刷色はQ.324で設定した色になります。モノクロプリンタでカラー印刷を指示すると、色の明度に準じたグレートーンで印刷されます。カラー印刷を指定しない場合は、任意色で書かれたソリッド図形以外は黒で印刷されます。また、＜表示のみレイヤ＞はグレーで印刷されます。

1 Q.320の手順 **1** ～ **5** と同様に、＜印刷＞コマンドを実行後、＜プリンタの設定＞を行います。

2 ＜カラー印刷＞をクリックしてチェックを入れます。

📝 印刷の基本操作　　　　　重要度 ★ ★ ★

Q 332 印刷範囲枠を作図したい！

A 適当な位置に赤の印刷枠を表示後に＜枠書込＞を実行します。

あらかじめ範囲枠を設定しておくと、この範囲枠内で作図すれば印刷範囲からはみ出して図面が印刷されることがないので安心です。　**参照 ▶ Q 059,322**

1 ＜範囲変更＞をクリックします。

2 適当な位置をクリックして印刷範囲枠を配置し、

3 ＜枠書込＞をクリックします。

📝 印刷の基本操作　　　　　重要度 ★ ★ ★

Q 333 PDFファイルで出力したい！

A プリンタに＜Microsoft Print to PDF＞を選択します。

PDFファイルで出力する場合は、「プリンターの設定」画面で＜Microsoft Print to PDF＞を選択します。

1 ＜印刷＞をクリックし、

2 ＜▼＞→＜Microsoft Print to PDF＞を選択します。

10

Jw_cad の便利な機能

Q334 オフセットとは?

A 指示した点から離れた点を相対座標で指示する機能です。

マウスで指示した点から離れた点を、相対座標で指示するもので、点の指定だけではなく、複写／移動などでも使用できる便利な機能です。 サンプル▶ 334.jww

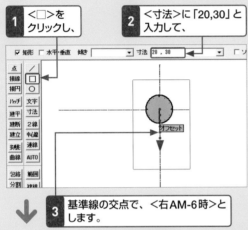

1 ＜□＞をクリックし、

2 ＜寸法＞に「20,30」と入力して、

3 基準線の交点で、＜右AM-6時＞とします。

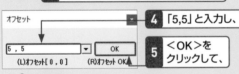

4 「5,5」と入力し、

5 ＜OK＞をクリックして、

6 左下に移動して、クリックで確定します。

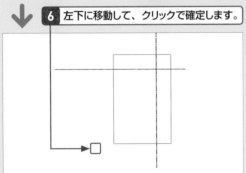

オフセットによる移動量

オフセットによる入力指示は下図のように移動します。

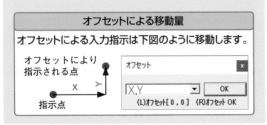

オフセットにより指示される点

指示点

Q335 連続してオフセットを使いたい!

A ＜オフセット常駐＞を指示します。

＜オフセット常駐＞モードに設定すると、点を指示するたびに「オフセット」画面が表示されます。

● ＜オフセット常駐＞モードの指定

1 ＜∠0＞をクリックし、

2 ＜オフセット常駐＞をクリックしてチェックを入れます。

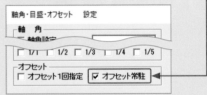

● オフセットの実行

右クリックで点を指示するたびに、「オフセット」画面が表示されます。新たにオフセット位置を指定する場合はキー入力します。直前と同じオフセット位置を指定する場合は任意点で右クリックを、オフセットを指定しない場合は任意点でクリックします。

直前の値が表示されています。

新たなオフセット値をキー入力します。

クリックでオフセットしません。右クリックで表示されている値でオフセットします。

● ＜オフセット常駐＞モードの解除

＜オフセット常駐＞モードの解除は、＜∠0＞をクリックして、「軸角・目盛・オフセット　設定」画面を表示し、＜オフセット常駐＞をクリックしてチェックを外します。

左側縦書き見出し：
Jw_cadの概要／基本操作と作図の準備／線と点の作図／図形の作図／図形の選択と削除／図形と線の編集／レイヤと属性／文字と寸法の入力／画像の配置と印刷／Jw_cadの便利な機能

Q 336 ＜測定＞コマンドとは？

A 距離・面積・角度・相対座標位置を表示するCADの重要な機能です。

＜測定＞コマンドを利用すると、2点間の距離や面積、角度、相対座標位置などを測定して、表示することができます。測定・表示できる単位系は＜m（メートル）＞と＜mm（ミリメートル）＞、＜°（10進数）＞と＜°′″（60進数）＞を選択することができます。また、測定結果を作図することもできます。

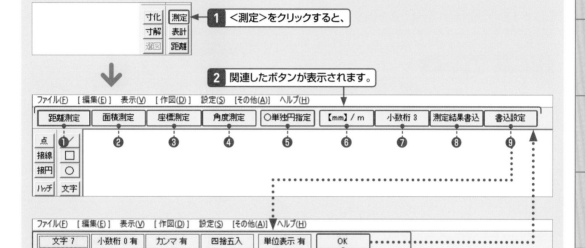

1 ＜測定＞をクリックすると、

2 関連したボタンが表示されます。

● **①距離測定**
クリックで指示した点と点の間の距離、および円周、円弧長を表示します。同時に、累積距離も表示されます。　参照▶Q 337

● **②面積測定**
多角形の頂点を指示して、囲まれた部分面積や、円や円弧の面積を表示します。　参照▶Q 338

● **③座標測定**
クリックで指示した2点間の相対座標を表示します。　参照▶Q 340

● **④角度測定**
中心点と2点を指示して、その間の角度を表示します。単位は＜°＞と＜°′″＞から選択します。　参照▶Q 339

● **⑤単独円指定**
円の面積や円周長を測定するときに、ここをクリックしたあと、円や円弧を指示します。　参照▶Q 337

● **⑥【mm】／m**
このボックスをクリックして、表示単位を切り替えます。【　】で囲まれたほうが現在の表示単位を表しています。距離系では＜m＞と＜mm＞、角度では＜°＞と＜°′″＞を切り替えます。Space キーを押しても変更できます。　参照▶Q 338,339

● **⑦少数桁**
クリックするたびに、少数桁0〜4までと指数表示を切り替えます。Shift キー＋ Space キーでも同様に変更できます。

● **⑧測定結果書込**
このボックスをクリックしたあと、記入位置を指示して測定結果を記入します。記入する書式設定は、⑨をクリックします。　参照▶Q 340

● **⑨書込設定**
⑧で測定結果を書込むときの書式を設定します。ここをクリックして、コントロールバーの表示を切り替えます。　参照▶Q 341

● **⑩書込み書式の設定終了**
測定結果の書込み設定を終了して、コントロールバーの表示を測定設定に戻します。

Jw_cadの概要

基本操作と作図の準備

線と点の作図

図形の作図

図形の選択と削除

図形と線の編集

レイヤと属性

文字と寸法の入力

画像の配置と印刷

Jw_cadの便利な機能

左段縦書き見出し：
Jw_cadの概要　基本操作と作図の準備　線と点の作図　図形の作図　図形の選択と削除　図形と線の編集　レイヤと属性　文字と寸法の入力　画像の配置と印刷　Jw_cadの便利な機能

Q337 距離を測定したい!

A <測定>コマンドを実行すると距離が測定できます。

<測定>コマンドを実行すると、<距離測定>モードになります。距離を測定する2点を指示すると距離が表示されます。　**サンプル▶ 337.jww**

● 2点間の距離を測定する

1 <測定>をクリックし、

2 測定の始点をクリックして、

てください (L)free (R)Read　S = 1 / 1 【 0.033m 】　0.033m

3 測定の終点を右クリックします。

4 距離が表示されます。

● 円弧長を測定する

設定(S)　[その他(A)]　ヘルプ(H)
角度測定　〈 弧 指定　mm /【m

1 上記手順**4**に続いて、<(弧 指定)>をクリックし、

2 <円弧>をクリックして、

3 終点で右クリックすると、

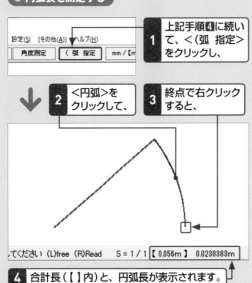

てください (L)free (R)Read　S = 1 / 1 【 0.056m 】　0.0230383m

4 合計長(【 】内)と、円弧長が表示されます。

Q338 面積を測定したい!

A 測定する多角形の頂点を順次指示します。

面積を測定する場合は、<測定>コマンドを実行します。続いて<面積測定>を実行し、面積を測定する多角形の頂点を順次指示します。　**サンプル▶ 338.jww**

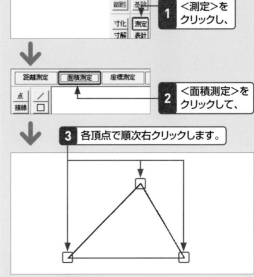

1 <測定>をクリックし、

距離測定　面積測定　座標測定
点　／
接線　□

2 <面積測定>をクリックして、

3 各頂点で順次右クリックします。

4 面積が表示されますが、m単位のため数値が小さいので、

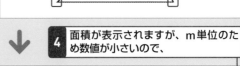

[作図(D)]　設定(S)　[その他(A)]　ヘルプ(H)
座標測定　角度測定　〈 弧 指定　mm /【m】　小数桁 3

(R)Read　S = 1 / 1 【 0.001m2 】　0.0005m2

5 [Space]キーを押すか、<mm/【m】>をクリックします。

6 面積がmm単位で表示されます。

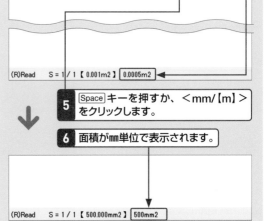

(R)Read　S = 1 / 1 【 500.000mm2 】　500mm2

Q 339 角度を測定したい！

A 角の中心を指示した後に角をなす2点を指示します。

角度を測定する場合は、＜測定＞コマンドを実行します。続いて＜角度測定＞を実行し、角度の中心を指示したら角を形成する2点を指示します。

サンプル ▶ 339.jww

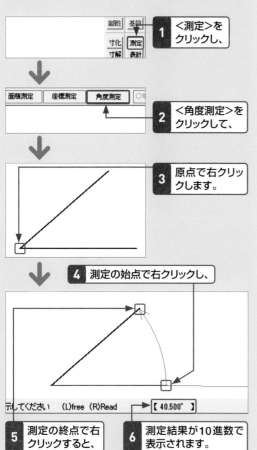

1 ＜測定＞をクリックし、

2 ＜角度測定＞をクリックして、

3 原点で右クリックします。

4 測定の始点で右クリックし、

5 測定の終点で右クリックすると、

6 測定結果が10進数で表示されます。

【 40.500° 】

60進数で表記する

必要に応じて、コントロールバーの単位表示のボタン（Q.336の手順**6**参照）をクリックするか、Spaceキーを押すと、60進数で表記されます。

▶ 原点を指示してください　（L)free　(R)Read　【 40°30'00.000" 】

Q 340 座標位置を測定して結果を記入したい！

A 座標の基準となる点を指示後に知りたい点を指示します。

座標位置の結果を記入したい場合は、＜測定＞コマンドを実行します。続いて＜座標測定＞を実行して座標の基準点を指示したあと、測定点を指示します。

サンプル ▶ 340.jww

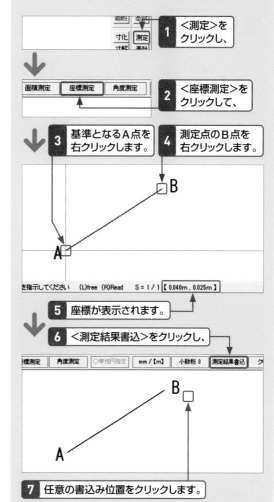

1 ＜測定＞をクリックし、

2 ＜座標測定＞をクリックして、

3 基準となるA点を右クリックします。

4 測定点のB点を右クリックします。

を指示してください　(L)free　(R)Read　S = 1 / 1 【 0.040m , 0.025m 】

5 座標が表示されます。

6 ＜測定結果書込＞をクリックし、

標測定　角度測定　○単独円指定　mm／【m】　小数桁 3　測定結果書込

7 任意の書込み位置をクリックします。

表示単位を変更する

必要に応じて、Spaceキーなどで表示単位を変更します。ここでの手順ではA点を基準とした＜座標測定＞モードが続くので、新たに基準点を指示する場合は、＜クリアー＞をクリックします。

Jw_cadの概要

基本操作と作図の準備

線と点の作図

図形の作図

図形の選択と削除

図形と線の編集

レイヤと属性

文字と寸法の入力

画像の配置と印刷

Jw_cadの便利な機能

Q341 測定結果書込みの書式を指定したい！

A ＜書込設定＞を実行し設定します。

測定結果を書込むときの書式の設定は、コントロールバーの＜書込設定＞を実行します。コントロールバーが変更されてボタン類が表示されるので、そこから行います。

1 ＜書込設定＞をクリックします。

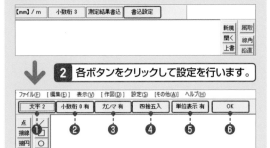

2 各ボタンをクリックして設定を行います。

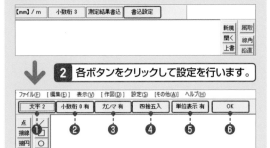

❶文字サイズの指定

クリックするたびに＜文字1＞〜＜文字10＞まで順次変更し循環します。それぞれの文字サイズは、＜文字＞コマンドの＜書込み文字種＞に対応します。

❷小数点以下の表示

小数点以下が＜0＞の場合、0の表示の有無を設定します。

❸カンマの有無

測定値に、桁区切りの「,」の表示の有無を設定します。

❹端数の表示方法

測定結果の端数の表示方法について指定します。クリックするたびに＜四捨五入＞→＜切り捨て＞→＜切り上げ＞を順次循環表示します。

❺単位表示の有無

測定結果の作図時に測定単位の表示の有無について選択します。

❻設定の終了

測定結果の書込み書式の設定を終了し、コントロールバーの表示を測定・書込みの状態に戻ります。

Q342 軸角とは？

A 水平／垂直ではない任意の角度に設定できる直交座標軸です。

通常は水平／垂直軸を基準とした、直交座標で作図を進めますが、水平軸に対して角度をもった直交座標軸で作図する場合があります。このとき、水平軸に対する直交座標軸の傾きを「軸角」といいます。

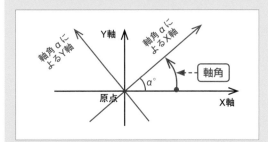

● 画面を表示して軸角を設定する

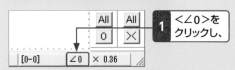

1 ＜∠0＞をクリックし、

2 ＜▼＞をクリックして数値を選択するか、またはキー入力します。

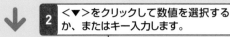
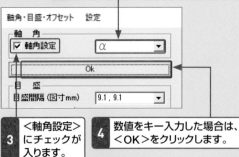

3 ＜軸角設定＞にチェックが入ります。

4 数値をキー入力した場合は、＜OK＞をクリックします。

● 既存線から軸角を取得する

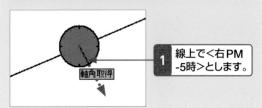

軸角取得

1 線上で＜右PM -5時＞とします。

Q 343 軸角を設定／解除したい！

A 既存線から設定する場合は
<右PM-5時>が簡単便利です。

軸角は既存線から取得して作図するのが簡単です。

サンプル ▶ 343.jww

● 既存線から軸角を取得する

1 線上で<右PM-5時>として軸角を取得します。

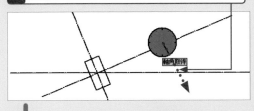

2 取得した軸角が表示されます。

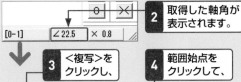

3 <複写>をクリックし、

4 範囲始点をクリックして、

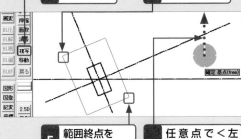

5 範囲終点をクリックします。

6 任意点で<左AM-0時>として選択確定し、

7 <数値位置>に「40,15」と入力して、

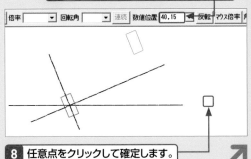

8 任意点をクリックして確定します。

● 設定画面を表示して軸角を解除する

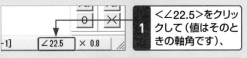

1 <∠22.5>をクリックして（値はそのときの軸角です）、

2 <軸角設定>をクリックしてチェックを外します。

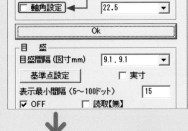

3 <∠0>が表示されて、軸角が解除されました。

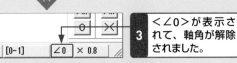

● クロックメニューで軸角を解除する

1 水平線上で<右PM-5時>とします。

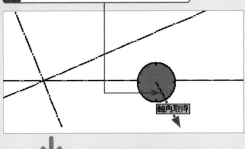

2 <∠0>が表示されて、軸角が解除されました。

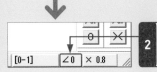

Jw_cadの概要

基本操作と作図の準備

線と点の作図

図形の作図

図形の選択と削除

図形と線の編集

レイヤと属性

文字と寸法の入力

画像の配置と印刷

Jw_cadの便利な機能

Jw_cadの概要

基本操作と作図の準備

線と点の作図

図形の作図

図形の選択と削除

図形と線の編集

レイヤと属性

文字と寸法の入力

画像の配置と印刷

Jw_cadの便利な機能

● 線の作図の基本　　　重要度 ★★★

Q 344 重なった線を整理したい!

A 重なった線は作図／編集中にトラブルの原因となることがあります。

線が重なったまま放置しておくと、編集作業に支障をきたす場合があります。目的が同じ線を重ねて作図したときには、どちらかを消去するようにしましょう。

サンプル ▶ 344.jww

● あとから重なった線を整理するのは大変

1 <コーナー>をクリックし、

2 接続する線の残す場所をクリックして、

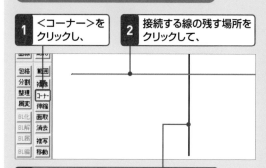

3 接続する線の残す場所をクリックします。

ここでは、<コーナー>コマンドを実行しても、線分を連結することができません（何度も繰り返していると、処理できるかもしれませんが……）。これは、下図のように、縦横の線が3本ずつ、同じ位置に重なって作図されているためです。結果、<コーナー>で連結しても、下の線がそのまま残り、コーナーが行われていないように見えてしまいます。

少しずつずらして作図すると図のようになります。3本の線が重なって作図されています。

同じ色で同じ太さの線が重なって作図されている場合、モニターの画面では気がつかないことが多々あります。日頃の作図過程で、重なり線が生じた場合には、その場で重なった線を消去するようにしましょう。

● 重なった線を整理する

Jw_cadでは、同じ属性の重なった線をまとめて処理し、1本の線にまとめることができます。

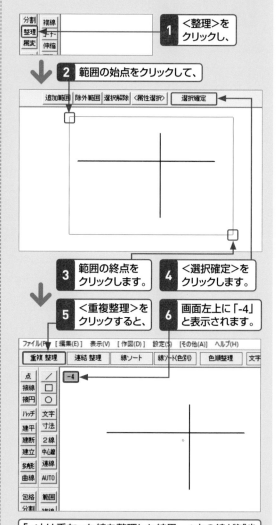

1 <整理>をクリックし、

2 範囲の始点をクリックして、

3 範囲の終点をクリックします。

4 <選択確定>をクリックします。

5 <重複整理>をクリックすると、

6 画面左上に「-4」と表示されます。

「-4」は重なった線を整理した結果、4本の線が減少されたことを意味しています。

左の手順を再度行い、重なった線が整理されていることを確認しましょう。なお、<重複整理>で処理できるのは、線の属性（線種、線色、レイヤなど）が同一の場合に限られます。また、<消去>コマンドで線を右クリックしても消去できない場合、線が重なっている可能性があります。このようなときにも<重複整理>コマンドで解消することができます。

Q 345 書き足した線を整理したい！

A 書き足した線は作図／編集中にトラブルの原因となることがあります。

作図しているときに線が短かった場合、足りない部分を書き足してしまうのは、CAD初心者にありがちなことです。これも作図／編集作業に支障をきたす原因となることがあります。　**サンプル ▶ 345.jww**

● あとから線を書き足すのはトラブルのもと

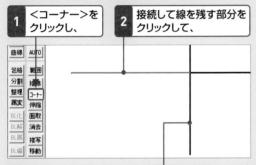

1 ＜コーナー＞をクリックし、

2 接続して線を残す部分をクリックして、

3 接続して線を残す部分をクリックします。

ここでは、＜コーナー＞コマンドを実行しても、線分を連結することができません。何度繰り返してもできません。これは下図のように、4本の線が1点で接しているためです。

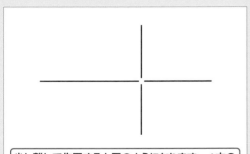

少し離して作図すると図のようになります。4本の線が一点で接しています。

モニターでは、線をつないでいても、同じ色で同じ太さの場合、つないでいることに気がつかないことが多々あります。日頃の作図過程では、線を書き足すのではなく、＜伸縮＞コマンドで延長するようにしましょう。

● 書き足した線を整理する

w_cadでは同じ属性でつないだ線であれば、連結して1本にすることができます。

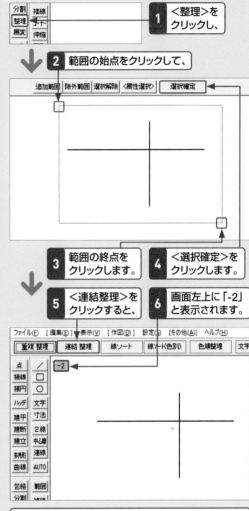

1 ＜整理＞をクリックし、

2 範囲の始点をクリックして、

3 範囲の終点をクリックします。

4 ＜選択確定＞をクリックします。

5 ＜連結整理＞をクリックすると、

6 画面左上に「-2」と表示されます。

「-2」は連結線を整理した結果、2本の線が減少されたことを意味しています。

左の手順を再度行い、書き足した線が連結されていることを確認しましょう。なお、＜連結整理＞で処理できるのは、線の属性（線種、線色、レイヤなど）が同一の場合に限られます。また、＜消去＞コマンドや＜複線＞コマンドで編集しようとしても、線の一部しか編集できない場合には、線を書き足している可能性があります。このような場合には＜連結整理＞を実行して、解消することができます。

Q 346 登録図形を利用したい！

A ＜図形＞コマンドから読込みます。

登録図形を利用する場合は、＜図形＞コマンドから、登録図形データのあるフォルダーを指定して読込みます。このとき、書込み線の属性設定を行います。

サンプル ▶ 346.jww

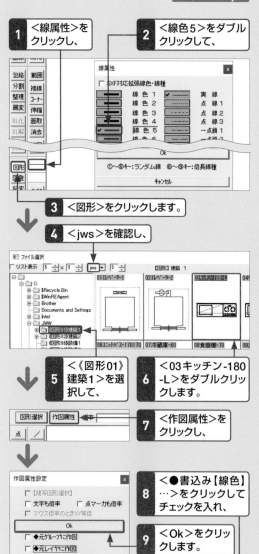

1 ＜線属性＞をクリックし、

2 ＜線色5＞をダブルクリックして、

3 ＜図形＞をクリックします。

4 ＜jws＞を確認し、

5 ＜《図形01》建築1＞を選択して、

6 ＜03キッチン-180-L＞をダブルクリックします。

7 ＜作図属性＞をクリックし、

8 ＜●書込み【線色】…＞をクリックしてチェックを入れ、

9 ＜Ok＞をクリックします。

10 ＜90°毎＞をクリックし、

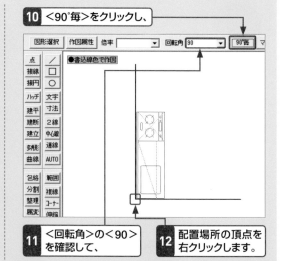

11 ＜回転角＞の＜90＞を確認して、

12 配置場所の頂点を右クリックします。

jwsファイルとjwkファイル

Jw_cadの図形ファイルには、拡張子が「jws」のものと「jwk」のものがあります。jwsはWindows版Jw_cadのもので、jwkはそれ以前のJw_cadによるものです。古いタイプのjwkは、一部Windows版のみが持つ機能には対応していません。古くから供給されている図形ファイルはjwkで提供されていますが、ほぼ問題なく使用できます。図形ファイルを読込むときは、＜▼＞をクリックして、＜jws＞か＜jwk＞のファイル形式を選択することで、それぞれの形式ごとに図形ファイルが表示されます。

作図属性

読込んだ図形ファイルを作図するときの属性を設定します。ここで設定しない場合は、図形ファイルが登録されたときの線色、線種で作図されます。

作図倍率

読込んだ図形ファイルを作図するときの、X・Y方向の倍率を設定します。何も入力しない場合はX・Y方向1倍で作図されます。X・Y方向に異なる倍率を設定することも可能ですが、1数のみを入力すると、X・Y方向に同じ倍率が適用されます。　**参照 ▶ Q 192**

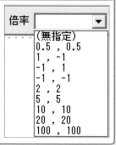

Q347 図形を登録したい！

A <図形登録>コマンドで登録します。

図形を登録する場合は、登録する図形を選択し、基準点を指示後、ファイルの保存と同様の操作を行います。

サンプル ▶ 347.jww

1 <図登>をクリックし、   **2** 範囲始点をクリックして、

3 範囲終点をクリックします。

4 左下頂点で<右AM-0時>として、

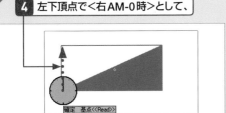

5 <図形登録>をクリックし、

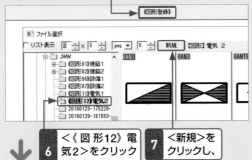

6 <《図形12》電気2>をクリックします。   **7** <新規>をクリックし、

8 <名前>に「分電盤」と入力して、

9 <OK>をクリックします。

Q348 図形をオリジナルフォルダに登録したい！

A <図形登録>コマンドで<フォルダ>を新規作成します。

自作した部品データや、Webページからダウンロードしたデータを、ほかの図面作成で利用することは、CADを使う上での利点です。このとき、分類して<図形登録>することで、より効率的に利用することができます。

サンプル ▶ 348.jww

1 Q.347の手順**1**～**3**と同様に、<ダイニングセット>を選択します。

2 選択した図形の重心が仮の基準点として表示されるので、   **3** <選択確定>をクリックして、

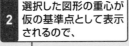
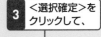
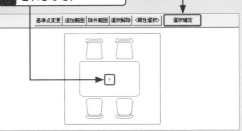

4 <図形登録>をクリックし、

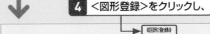

5 <JWW>をクリックします。

6 <新規>をクリックし、

7 <フォルダ>をクリックします。   **8** 「《図形》オリジナル」と入力して、

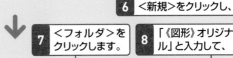

9 <OK>をクリックします。

10 Q.347の手順**7**～**9**と同様に、<ダイニングセット>で図形登録します。

Jw_cadの概要

基本操作と作図の準備

線と点の作図

図形の作図

図形の選択と削除

図形と線の編集

レイヤと属性

文字と寸法の入力

画像の配置と印刷

Jw_cadの便利な機能

Jw_cadの概要

基本操作と作図の準備

線と点の作図

図形の作図

図形の選択と削除

図形と線の編集

レイヤと属性

文字と寸法の入力

画像の配置と印刷

Jw_cadの便利な機能

Q 349 寸法図形とは？

A 寸法線と寸法値がセットになった寸法線です。

寸法図形にした寸法線は、寸法線の長さが変われば表示される寸法値も変更されます。**サンプル ▶ 349.jww**

1 <パラメ>をクリックし、

2 範囲始点をクリックして、

3 範囲終点をクリックします。

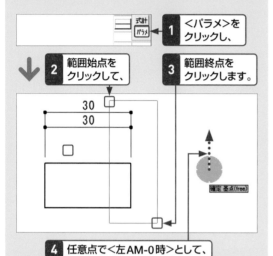

確定 基点(free)

4 任意点で<左AM-0時>として、

5 <数値位置>に「20,0」と入力して、

6 任意点をクリックして、

倍率 ▼ 回転角 ▼ 数値位置 20,0 ▼ 再選択

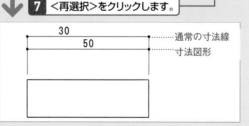

7 <再選択>をクリックします。

30 ……… 通常の寸法線
50 ……… 寸法図形

通常の<寸法線>である上段は、寸法値に変化はありません。<寸法図形>である下段は、変形に応じて寸法値も変化しています。

Q 350 寸法線を寸法図形にしたい！

A <寸化>コマンドを実行して寸法線と寸法値を指示します。

通常の寸法線も寸法図形に変更することができます。<寸化>コマンドを実行して、結合する寸法線と寸法値をクリックで指示します。　**サンプル ▶ 350.jww**

● 通常の寸法線を寸法図形化する

1 <寸化>をクリックし、

2 寸法線をクリックして、

3 寸法値をクリックします。

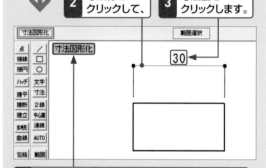

4 左上に「寸法図形化」と表示されれば完了です。

● 寸法図形化を確認する

1 <文字>をクリックし、

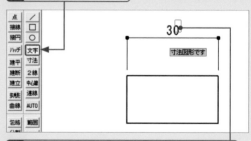

2 <寸法値>をクリックすると「寸法図形です」と表示されます。

通常の寸法線では、寸法値の数字を<文字>コマンドを選択することで移動／複写や変更ができますが、寸法図形にすると、<文字>コマンドでは移動／複写が行えません。このような場合には<寸法>コマンドを使って移動します。　**参照 ▶ Q 308,352**

Q351 寸法図形で寸法線を書きたい！

A 寸法図形で寸法線を書くように設定します。

<寸法設定>画面を開き、<寸法図形>を指定します。　参照 ▶ Q286　サンプル ▶ 351.jww

● 寸法図形を常駐設定する

1 Q.286の手順**1**～**2**と同様に、「寸法設定」画面を表示します。

2 <寸法線と値を【寸法図形】…>をクリックしてチェックを入れて、

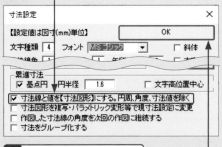

寸法設定　×

【設定値は図寸(mm)単位】　OK

文字種類 4　フォント MS ゴシック ▼　□ 斜体

累進寸法
☑ 基点円 □ 円半径　1.6　□ 文字高位置中心
☑ 寸法線と値を【寸法図形】にする。円周、角度、寸法値を除く
□ 寸法図形を複写・パラメトリック変形等で現寸法設定に変更
□ 作図した寸法線の角度を次回の作図に継続する
□ 寸法をグループ化する

3 <OK>をクリックします。

● 寸法図形を作図する

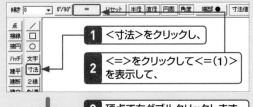

傾き 0 ▼ 0°/90° = リセット 半径 直径 円周 角度 端部● 寸法値
点 /
接線 □
接円 ○
ハッチ 文字
建平 寸法
建断 2線

1 <寸法>をクリックし、

2 <=>をクリックして<=(1)>を表示して、

3 頂点で右ダブルクリックします。

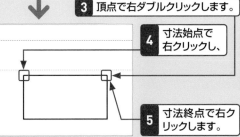

4 寸法始点で右クリックし、

5 寸法終点で右クリックします。

<寸法図形>の常駐を終了するときは、上記の手順**1**～**3**と同様に、<寸法線と値を【寸法図形】…>のチェックを外します。

Q352 寸法図形の寸法値を移動したい！

A <文字>コマンドでは移動できません。<寸法>コマンドを使用します。

<寸法>コマンドを実行し、<寸法値>を指示して寸法値を移動します。　参照 ▶ Q286　サンプル ▶ 352.jww

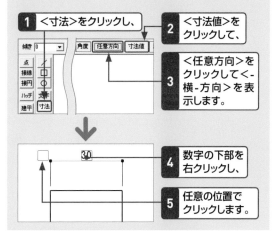

1 <寸法>をクリックし、

傾き 0 ▼　角度 任意方向 寸法値
点
接線
接円
ハッチ 文字
建平 寸法

2 <寸法値>をクリックして、

3 <任意方向>をクリックして<-横-方向>を表示します。

30

4 数字の下部を右クリックし、

5 任意の位置でクリックします。

Q353 寸法図形の寸法線を通常の寸法線に戻したい！

A <寸解>コマンドを実行して寸法線または寸法値を指示します。

通常の寸法線に戻す場合は、<寸解>コマンドを実行して、寸法図形化した寸法線または寸法値を指示します。　サンプル ▶ 353.jww

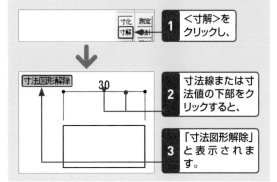

寸化 測定
寸解 設計

1 <寸解>をクリックし、

寸法図形解除　30

2 寸法線または寸法値の下部をクリックすると、

3 「寸法図形解除」と表示されます。

Jw_cadの概要

基本操作と作図の準備

線と点の作図

図形の作図

図形の選択と削除

図形と線の編集

レイヤと属性

文字と寸法の入力

画像の配置と印刷

Jw_cadの便利な機能

Q 354 表示領域を記憶させたい！

A ＜マークジャンプ＞を使って8カ所まで記憶できます。

表示領域を記憶させる場合は、まず記憶させる画面を表示します。続いてステータスバーの＜表示倍率＞をクリックして、「画面倍率・文字表示設定」画面で設定します。

サンプル ▶ 354.jww

● 表示領域を記憶させる

1 ＜両ボタンドラッグ-右下＞で＜マークジャンプ1＞を拡大表示し、

2 ＜表示倍率＞をクリックします。

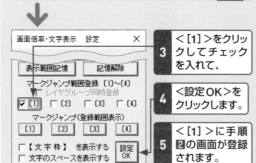

3 ＜[1]＞をクリックしてチェックを入れて、

4 ＜設定OK＞をクリックします。

5 ＜[1]＞に手順2の画面が登録されます。

6 次に＜両ボタンドラッグ-右上＞で全画面表示にして、

7 ＜両ボタンドラッグ-右下＞で＜マークジャンプ1＞を拡大表示します。

8 ＜表示倍率＞をクリックし、

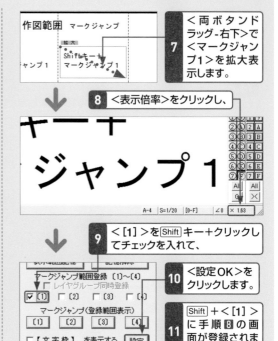

9 ＜[1]＞をShiftキー＋クリックしてチェックを入れて、

10 ＜設定OK＞をクリックします。

11 Shift＋＜[1]＞に手順8の画面が登録されます。

● 記憶した表示領域を表示させる

1 ＜表示倍率＞をクリックし、

2 ＜[1]＞をクリックすると、

3 ＜[1]＞に登録された画面が表示されます。

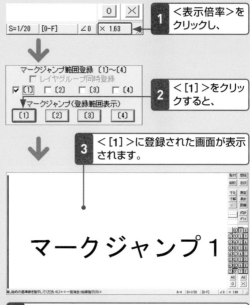

4 同様に＜表示倍率＞をクリックし、Shiftキーを押しながら＜[1]＞をクリックすると、Shift＋＜[1]＞に登録された画面（上記手順8の画面）が表示されます。

Q355 座標ファイルを読み込んで作図したい！

A <座標ファイル>コマンドを実行します。

座標ファイルはテキストファイルで作成しておき、それを読込むことで作図できます。

サンプル ▶ 355.jww ／ 355.txt

1 <線属性>をクリックし、

2 <線色2>をクリックして、

3 <一点鎖2>をダブルクリックします。

線属性

□ SXF対応拡張線色・線種

線 色 1　　実　線
線 色 2　　点 線 1
線 色 3　　点 線 2
線 色 4　　点 線 3
線 色 5　　一点鎖 1
線 色 6　　一点鎖 2
線 色 7　　二点鎖 1

4 <座標>をクリックするか、<その他>→<座標ファイル>をクリックし、

ファイル(F)　[編集(E)]　表示(V)　[作図(D)]　設定(S)　[その他(A)]　ヘルプ(H)

図形(Z)
記号記号変形(S)
座標ファイル(F)
外部変形…

5 <ファイル名設定>をクリックします。

ファイル(F)　[編集(E)]　表示(V)　[作図(D)]
ファイル名設定　　ファイル読込

6 <ドキュメント>→<練習用ファイル>→<第10章>と進み、<355.txt>をダブルクリックします。

← → ↑　> PC > ドキュメント > 練習用ファイル > 第10章
整理 ▼　新しいフォルダー
3D オブジェクト　　名前
ダウンロード　　355.txt
デスクトップ　　356_Ans.txt
ドキュメント　　357.txt
CyberLink　　357_Ans.txt
練習用ファイル　　358.txt

---

7 <mm単位読書>をクリックして、<m単位読書>を表示し、

ファイル名設定　　ファイル読込　YX座標読込　mm単位読書　ファ
点　／
接線　□

8 <ファイル読込>をクリックします。

作図属性　倍率

9 <作図属性>をクリックし、

作図属性設定

□ 【複写図形選択】
□ 点マーカも倍率
□ マウス倍率のときXY等倍

[Ok]

□ ◇元グループに作図
□ ◇元レイヤに作図
◆書込レイヤ、元線色、元線種
☑ ◆書込み【線色】で作図
☑ ◆書込み 線種　で作図

10 <●書込み【線色】…><●書込み線種…>をクリックしてチェックを入れ、

11 <OK>をクリックします。

12 矢印の先端で右クリックします。

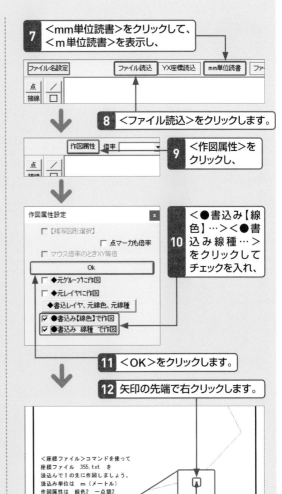

<座標ファイル>コマンドを使って座標ファイル 355.txt を読込んで↑の先に作図しましょう。読込み単位は m（メートル）作図属性は 線色2 一点鎖2 とします。

<線>コマンドで、5番目の頂点と1番目の頂点の間に線を引きます。

読込んだテキストファイルの記述内容

下記は、ここで読込んだテキストファイル「355.txt」の記述内容です。各行に順次、各頂点のX, Y座標をTab区切りで入力されています。

355.txt - メモ帳
ファイル(F)　編集(E)　書式(O)　表示(V)　ヘルプ(H)
1.815　　0.945
8.260　　2.451
13.768　7.905
10.375　14.395
1.815　　14.395

この結果、各頂点をつなぐように、線属性で指示した線で作図されますが、5番目のデータと1番目のデータを結ぶ線は書かれません。

Q 356 座標ファイルを作成したい！

A テキスト形式のファイルで作成します。

Jw_cadからWindows標準の「メモ帳」を起動して、座標ファイルの新規作成や編集作業ができます。また、Excelを使ってデータを作成・編集することができます。このとき、保存するデータは「Tab区切りのtxt形式」とします。ここでは、下表のようなデータでのファイル作成について説明します。

測点番号	X座標	Y座標
P1	1.815	0.945
P2	8.260	2.451
P3	13.768	7.905
P4	10.375	14.395
P5	1.815	14.395

● Jw_cad でデータを作成・編集する

1 Jw_cadを起動します。

2 <座標>をクリックします。

↓

3 <新規ファイル>をクリックすると、

↓

4 <メモ帳>が表示されます。

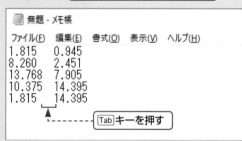

Tab キーを押す

5 1行目に、P1の座標値を半角数字で Tab キーで区切って入力します。2行目以降にもデータを入力したら、ファイル名<356.txt>で保存します。

● メモ帳でデータを作成・編集する

1 <スタート>→<Windowsアクセサリ>→<メモ帳>をクリックして起動します。<メモ帳>が開いたら、前項と同様に操作します。

● Excel でデータを作成・編集する

Excelでのデータ作成は、下記の手順で行います。

1 1行目から、P1の座標値をセルごとに入力します。各行にデータを入れます。

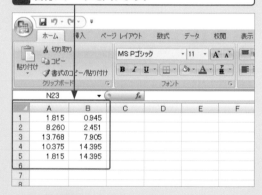

↓

2 <ファイルの種類>で、<▼>→<テキスト（タブ区切り）(*.txt)>を選択し、ファイル名を入れて保存します。

Q357 座標ファイルで閉じた図形を作図したい!

A 座標ファイルの最終行に最初の点の座標を追加します。

各行の座標点をつなぐように線が作図されるので、最後の座標から最初の座標に作図するために、1行目をコピーして、最終行に追加します。

サンプル ▶ 357.txt

```
📄 357.txt - メモ帳
ファイル(F)  編集(E)  書式(O)  表示
1.815    0.945
8.260    2.451
13.768   7.905
10.375   14.395
1.815    14.395
1.815    0.945
```

1 1行目をコピーして、

2 最終行に追加します。

最終行の座標データの下に、1番目の座標データを追加します。各座標データをつなぐように線が作図されます。

Q358 座標ファイルで作図するとき測点番号も表示したい!

A 座標値のあとに測点番号を追加します。

座標データのうしろに<Tab>区切りを追加して、測点番号を記入します。

サンプル ▶ 358.txt

1 各行に追加します。

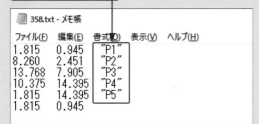

```
📄 358.txt - メモ帳
ファイル(F)  編集(E)  書式(O)  表示(V)  ヘルプ(H)
1.815    0.945     "P1"
8.260    2.451     "P2"
13.768   7.905     "P3"
10.375   14.395    "P4"
1.815    14.395    "P5"
1.815    0.945
```

座標データのうしろに<Tab>キーで区切り、「""」囲んだ測点番号を追加します。このとき、うしろの「"」は省略することができます。

Q359 図面を座標ファイルで保存したい!

A <座標>コマンドを実行後に<ファイル書込>を指示します。

座標ファイルの作成は、作図している図面から行います。

サンプル ▶ 359.jww

1 Q.355の手順**4**を参考に、<座標ファイル>コマンドを実行します。

2 <mm単位読書>をクリックして<m単位読書>を表示し、

3 <ファイル名設定>をクリックします。

4 図面が保存されているフォルダーを開き、

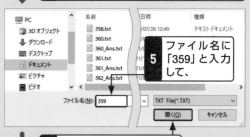

5 ファイル名に「359」と入力して、

6 <開く>をクリックします。

7 <ファイル書込>をクリックし、

8 範囲始点をクリックして、

9 範囲終点をクリックします。

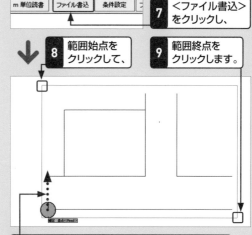

10 基準点となる端点で<右AM-0時>とします。

以上で「359.txt」が作成されます。Q.355を参照して、359.txtを使って、下の作図領域に作図しましょう。

Jw_cadの概要／基本操作と作図の準備／線と点の作図／図形の作図／図形の選択と削除／図形と線の編集／レイヤと属性／文字と寸法の入力／画像の配置と印刷／Jw_cadの便利な機能

Jw_cadの概要

基本操作と作図の準備

線と点の作図

図形の作図

図形の選択と削除

図形と線の編集

レイヤと属性

文字と寸法の入力

画像の配置と印刷

Jw_cadの便利な機能

作図で役立つ便利技　　　重要度 ★ ★ ★

Q 360 線や文字が画像やソリッド図形で隠れてしまった！

A ＜基本設定＞で＜画像・ソリッドを最初に描画＞とします。

線や文字が隠れてしまった場合は、＜基本設定＞の＜一般（1）＞タブで、＜画像・ソリッドを最初に描画＞にチェックを入れます。

参照 ▶ Q 040,153　サンプル ▶ 360.jww

1 ＜基設＞をクリックし、

2 ＜画像・ソリッド…＞をクリックしてチェックを入れ、

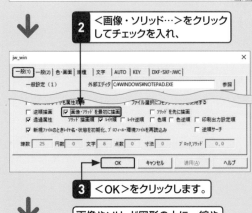

3 ＜OK＞をクリックします。

画像やソリッド図形の上に、線や文字列が表示されます。

作図で役立つ便利技　　　重要度 ★ ★ ★

Q 361 メートル単位で図面入力したい！

A 作図時にmm単位ではなくm単位で入力できます。

m単位の入力は、＜基本設定＞の＜一般（2）＞タブで、事前に＜m単位入力＞にチェックを入れておきます。

参照 ▶ Q 040

1 ＜m単位入力＞をクリックしてチェックを入れます。

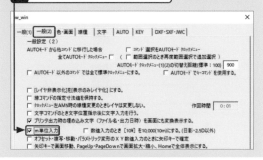

作図で役立つ便利技　　　重要度 ★ ★ ★

Q 362 「線属性」画面を簡単に表示したい！

A ホイールクリックで表示することができます。

＜基本設定＞の＜一般（2）＞タブで、＜ホイールボタンクリックで…＞にチェックを入れると、ホイールボタンをクリックすることで、「線属性」画面が表示されます。

参照 ▶ Q 040

1 ＜ホイールボタンクリック…＞をクリックしてチェックを入れます。

Q363 線作図で水平／垂直と斜線を簡単に切り替えたい！

A 線コマンドでマウスを上下・左右に2往復することで切り替えできます。

マウス操作で水平／垂直と斜線を簡単に切り替えるようにするには、＜基本設定＞の＜一般(1)＞タブで、事前に＜線コマンドでマウス…＞にチェックを入れておきます。 **参照 ▶ Q 040**

1 ＜線コマンドでマウスを左右または…＞をクリックしてチェックを入れます。

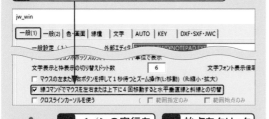

2 ＜／＞の実行を確認し、　**3** 始点をクリックして、

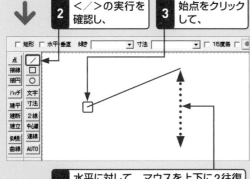

4 水平に対して、マウスを上下に2往復させます。

5 ＜水平・垂直＞にチェックが入り、

6 マウスの動きが水平／垂直方向に限定されます。

さらに、続けて上下に2往復すると、＜水平・垂直＞のチェックが外れて、斜線が作図できるようになります。鉛直に対して左右2往復しても同様のこととなります。

Q364 水平／垂直方向の座標入力を簡単にしたい！

A 水平／垂直方向への座標指示では距離と矢印キーで指示できます。

水平／垂直方向への複写／移動では、距離を入力し、複写／移動方向を↑□↓□キーで指示するだけで複写／移動することができます。 **参照 ▶ Q 040** **サンプル ▶ 364.jww**

1 ＜オフセット・複写・移動…＞をクリックしてチェックを入れます。

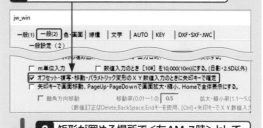

2 矩形が囲める場所で＜左AM-7時＞として、

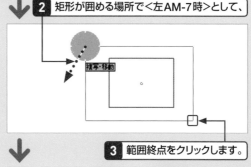

3 範囲終点をクリックします。

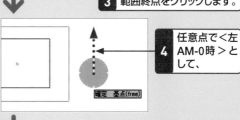

4 任意点で＜左AM-0時＞として、

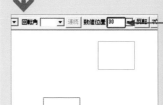

5 ＜数値位置＞に「30」と入力して、

6 複写したい方向の矢印キー（ここでは、□キー）を押します。

Jw_cadの概要

基本操作と作図の準備

線と点の作図

図形の作図

図形の選択と削除

図形と線の編集

レイヤと属性

文字と寸法の入力

画像の配置と印刷

Jw_cadの便利な機能

用語解説

2D CAD　　→ Q.002

立体を、正面、上面、側面から見た形状を写しとったものを図面として書いたもので、手書き製図で行われていた作業をコンピュータに置き換えたものです。複写や移動、変形、消去など、手書き製図に比べると格段に作業効率が高くなります。一方、各面から見た図を関連づけて立体形状を把握することに変わりはありません。このため、正確な形状を理解するには慣れが必要です。矛盾に気がつかない場合もあり、実際に作成する段階で修正が必要となることがあります。

3D CAD　　→ Q.002

コンピュータ内の仮想空間に、縦・横・高さ、の立体的な形状を作成するソフトです。立体を自由なアングルでその形状のままに見ることができるため、干渉の検証や、情報の見落としなどにも気がつきやすくなります。また、シュミレーションソフトを使って、実際の動きや、時間による変化などを検証することも可能です。立体の一部を修正すると、各方面から見た図も変更されるので修正ミスを防ぐことができ、また、プレゼンテーションなどにも使用することができます。

BIM (Building Information Modeling)　　→ Q.002

3次元（3D）で作成した建築モデルの各部に、材質や品番、材料の性能などのデータを登録し、データベースとしての機能を持つものです。コンピュータ内部の仮想空間に現実と同じモデルを作成することで、構造や設備などを含めた設計や、室内環境や周辺環境のシュミレーション、施工計画や竣工後の維持管理、そして解体に至るまでの管理・検討することを可能にするものです。

Bluetooth

デジタル機器用の近距離無線通信の規格の1つで、コンピュータがBluetoothレシーバーを内蔵していれば、接続操作（ペアリング）をするだけ使用することができます。マウスやキーボード、プリンタなどとの接続が可能です。

IFC (Industry Foundation Classes) ファイル

buildingSMART（旧IAI）により策定されたファイル形式で、「建築業界の総合運用を可能にすること」を目的とし、BIMで作成されたファイルを他のソフトウェアでの使用を可能にするものです。3次元データによる形状だけでなく、「柱」や「壁」などの要素や材質など各種情報を持っています。

Jw_cadの座標系

Jw_cadでは相対座標系が使用されています。＜複写・移動＞コマンドを実行し、図形や文字列を選択したときに、表示される○が相対座標の原点といえます。座標で複写・移動先を指示する場合は、原点変更の必要はないので、そのまま座標

を入力して複写・移動先を指示します。

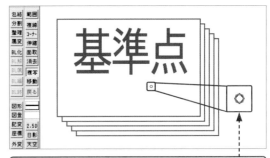

○で表示された点が仮の基準点になります。＜基準点変更＞を実行すると、新たに指示した点が基準点となります。

アイコン

機能を画像化して表現した絵記号のことで、見るだけで直観的に理解できるように考案されたものです。

アスペクト比

モニター画面の縦横の比率をいいます。長らく4：3のものが使用されてきましたが、現在では、フルHD方式の16：9のものが主流となっています。

イメージスキャナ

紙やフィルムなどに記録された文字や図を読取り、画像データとしてコンピュータに取込む装置です。スキャナで取込まれた＜点＞が集合したデータは、「ラスターデータ」と呼ばれ、それぞれの点の位置と、色などの情報を持っているだけで、編集には不向きです。スキャナで読み込んだラスターデータから文字を判別して、文字ファイルとして変換するOCRソフトが普及しています。同様にCADでの編集ができるように、線の長さや方向の情報をもつ「ベクターデータ」に変換するソフトが提供されています。このほかに、スキャナで読み込んだラスターデータを画像ファイルとしてCAD上に表示し、これを下絵として、線を書くことで、比較的楽に作図することができます。

印刷サービス

デジタルデータの印刷を提供する業者のことで、大判プリンタによる大判の印刷サービスをを提供しています。利用に際しては対応している用紙サイズやファイル形式など、事前調整が不可欠です。

オンラインストレージ

インターネットに接続されたサーバーにデータを保存するものです。十分に管理されたサーバーでは、個人で管理するHDDなどよりもデータの保存性が高く、インターネットを

介して複数の人で共有することができるため、共同で作業を
進める場合にも活用されています。一方、運営者による管理
が不十分な場合には、サーバー事故によるデータの喪失や流
出が懸念されます。また、通信時の暗号化やアクセス権の管
理を誤ると、データ流出などの事故につながるので、利用者
の配慮も重要です。クラウドストレージとも呼ばれます。

カーソル

データを入力するとき、入力する場所を示す表示のことで、
Jw_cadの初期設定では、矢印で表示されますが、クロスカー
ソルに変更することもできます。

カスタマイズ

ユーザーが自分の使いやすいように各種設定を行うことをい
います。

カラーマッチング

同じ画像のファイルであっても、パソコンが変わると表示さ
れる色が異なります。また、モニターに表示される色と、プ
リンタで印刷する色が一致することは期待できません。これ
では色の表現を重視する場合には困るため、ICC (Internatio
nal Color Consortium) プロファイルを使用して、モニター
やプリンタを調整し、色の再現性の向上を行うことをいいま
す。

グラフィックボード

モニターに画像情報を出力するために特化されたパーツで、
コンピュータに内蔵して使用します。最近のコンピュータで
はCPUやマザーボードにその機能が搭載されていて、グラ
フィックボードがなくても、画像出力することができます。
しかし、3D-CADなどで三次元データを表示する場合には、
高いデータの処理能力が求められるため、その役割をグラ
フィックボードに行わせることにより、スムーズで美しい画
像を表示することができるようになります。

作図ウィンドウ　　　　　　　　　➡ Q.039、057、065

図形を作図し、表示する領域です。Jw_cadの初期設定では
白色に設定されていますが、変更することも可能です。でき
るだけ大きく表示することが作業の効率化につながります。
設定している用紙サイズを超えて作図しても問題はありませ
ん。また、作図途中であっても、用紙サイズや縮尺の設定は
随時行うことができます。

座標系

平面上の点の位置を表す座標系には、直交座標と呼ばれるも
のと極座標と呼ばれるものがあります。さらに直交座表は、
絶対座標と相対座標があります。

①極座標

原点Oを基準として、表示する点の原点からの距離dと、原
点と表示する点を結んだ線とX軸となす角θとしたとき (d,
θ) で表すものです。

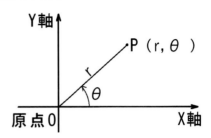

②絶対座標

原点Oを基準として、表示する点の位置を (X座標,Y座標)
で表わすものです。
原点Oを基準として点B_1, B_2の位置は、絶対座標でそれぞれ
(B_{1x}, B_{1y})、(B_{2x}, B_{2y}) と表されます。

③相対座標

基準点となる点と、表示する点の相対的な座標を表すもので、
A_1点を基準とした場合、B_1点の相対座標は (D_x,D_y)
A_2点を基準とした場合、B_2点の相対座標は (D_x,D_y)
となります。
A,B点ともにと座標系の中で場所が変わっても、A-Bの位置
関係が変わらなければ、その相対座標は同じになります。

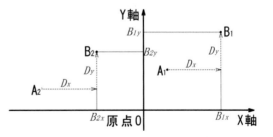

B₁、B₂の絶対座標はそれぞれ (B_{1x},B_{1y}) , (B_{2x},B_{2y})
と表現されます。
A_1点を基準点とした、B_1点の相対座標は (D_x,D_y)、A_2
点を基準点とした、B_2点の相対座標は (D_x,D_y) となり、
A-B点の位置関係が変わらなければ、相対座標は同じも
のとなります。

初期設定（デフォルト）

ソフトウェアを使用していく上で必要な設定について、あらかじめソフトが設定している状態です。これを変更することをカスタマイズといいます。

ステータスバー　　　　　　　　　　➡ Q.034、039

次にどのような操作を必要としているか、Jw_cadからのメッセージが表示されます。操作に困った場合、ここに表示されるメッセージを読むことで、操作方法がわかる非常に重要な部分です。画面下部のあまり目立たない表示ですが、常に意識することが大切です。

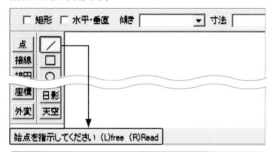

<線>コマンドを実行したことで、Jw_cadから「始点を指示」するように、要求されています。<(L)free>は左クリックで自由な点、<(R)Read>は右クリックで端・交点スナップとなることを表示しています。

ストレージ

コンピュータのデータを保存するための補助記憶装置のことです。WindowsなどのOS（Operating System）の格納には、従来はHDD（Hard Disk Drive）が使われていましたが、現在では価格が安くなってきたことにより、高速で読み書きでき、物理的な振動に強いSSD（Solid State Drive）への移行が進んでいます。CD-ROMやDVD,Ble-rayドライブやUSBメモリ、SDカードなどもストレージに分類されます。

絶対パス（フルパス）

OSがインストールされているCドライブの最上階層を起点として、目的のフォルダまでの経路を「¥（円マーク）」または「\（バックスラッシュ）」で区切ってフォルダを指示します。

相対パス

現在操作しているフォルダを起点として、目的のフォルダへの経路を表すものです。1つ上の階層に上がる場合は<..>と表記し、他は絶対パスと同様に指示します。

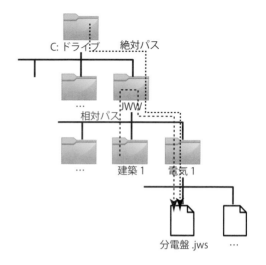

<建築1>フォルダから<電気1>フォルダ内にある<分電盤.jws>ファイルを指示する場合、
絶対パスでは　C:¥JWW¥電気1¥分電盤1.jws
相対パスでは　..¥電気1¥分電盤1.jws
と表記します。

タイトルバー　　　　　　　　　　➡ Q.039

ウィンドウの最上部のことで、Jw_cadではここに、Jw_cadを表すアイコンとファイル名が表示されます。保存作業が行われていない場合には、「無題」と表示されます。

保存前

jw 無題 - jw_win
ファイル(F)　[編集(E)]　表示(V)　[作図(D)]　設定(S)　[

保存後

jw Sビル新築計画平面図.jww - jw_win
ファイル(F)　[編集(E)]　表示(V)　[作図(D)]　設定(S)　[

投影法

空間にある立体の形を、平面に移し表現する方法を投影法といい、各種の方法があります。移し取る平面を投影面といい、この投影面に垂直な平行光線をあてるものを正投影法といいます。

第三角法（正投影法）

第三角法とは、直交する水平投影面と鉛直投影面の第3象限に立体を置き、この投影面に垂直な方向から平行光線をあてて観察し、投影面にその位置を書き写した後、投影面を平面

状に開いたものです。3つの投影面だけでは、十分に立体の形を把握することができない場合、投影面を追加して投影するほか、立体を切断しその形を写し取るなどして補います。機械製図や建築製図ではこの第三角法を使って図面を作成します。

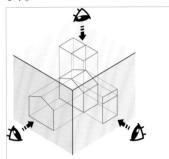

各投影面に垂直な方向からり立体を見て投影面に作図します。

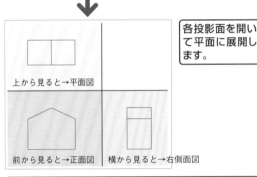

各投影面を開いて平面に展開します。

上から見ると→平面図

前から見ると→正面図　　横から見ると→右側面図

立体の形を歪みなく正確に表現できるメリットがありますが、立体感がないため投影図から立体を把握するには経験が必要です。

特殊なマウス操作

Shift キー＋ドラッグ　　　　　　　→ Q.311

ドラッグした方向に画面表示を移動することができます。

ドラッグ＋右クリック／右ドラッグ＋クリック

→ Q.051

左または右ボタンをドラッグしてクロックメニューを表示した状態で、残りのボタンをクリックします。クリックするたびにAMメニューとPMメニューが切替わります。

バージョンアップ　　　　　　　　→ Q.004

ソフトウェアの機能強化や、問題点の修正、仕様の変更などが行われることをいいます。Jw_cadは不定期に実施されるので、随時、開発者のホームページを参照して情報を得るようにしましょう。

パス

コンピュータの中で、目的のファイルが保存されているフォルダの場所までの経路を表示するものです。表示の起点をどこにするかで、絶対パスと相対パスに分けられます。

引出し線　　　　　　　　　　　　→ Q.292

JISでは「記述・記号などを示すために引き出すのに用いる」ものを「引き出し線」、「寸法を記入するために図形から引き出すのに用いる」ものを「寸法補助線」と定義していますが、Jw_cadでは寸法記入に用いるものを「引き出し線」として扱っています。間違えないようにしましょう。

プリンタ

CADを使って大判の図面を印刷するには、大判プリンタが使用されます。以前は本体価格が高価であったため導入には大きな負担が伴いましたが、現在では廉価になったため、比較的容易に導入できるようになりました。しかし、インクや専用用紙、メンテンス費用など、ランニングコストについての検討も大切です。

モニター

コンピュータから出力される画像データを表示するもので、現在では液晶方式や有機EL方式があります。大きさは24〜27インチ、さらに大きいものでは50インチを超えるものまで廉価となり大型化しています。CADでは作図範囲が広いほうが作業しやすいので好ましい傾向です。モニターサイズだけでなく、解像度も重要な指標となります。同じ大きさのモニターであっても解像度が異なると表示される範囲が異なります。モニターの解像度は多くの規格がありますが、主なものとして次のようなものがあります。

サイズの名称	解像度	縦横比
FWXGA（フルワイドXGA）	1366×768	16:09
2K/FHD(Full-HD)	1920×1080	16:09
WUXGA (Wide-UXGA)	1920×1200	16:10
4K	3840×2160	16:09
8K	7680×4320	16:09

レイヤ反転表示

一時的に非表示中のレイヤ、レイヤグループを表示し、表示中のレイヤ、レイヤグループを非表示にする機能です。表示を反転するだけで、編集などの操作はできません。レイヤグループバーの下にある＜×＞をクリックしたり、＜属取＞ボタンをクリック後、作図ウィンドウで右クリックしたりします。何か次の操作を行うと元の表示状態に戻ります。

目的別索引

た行

な行

は行

用語索引

ま～や行

ら～わ行

お問い合わせについて

本書に関するご質問については、本書に記載されている内容に関するもののみとさせていただきます。本書の内容と関係のないご質問につきましては、一切お答えできませんので、あらかじめご了承ください。また、電話でのご質問は受け付けておりませんので、必ずFAXか書面にて下記までお送りください。
なお、ご質問の際には、必ず以下の項目を明記していただきますよう、お願いいたします。

1　お名前
2　返信先の住所または FAX 番号
3　書名（今すぐ使えるかんたん Jw_cad
　　完全ガイドブック 困った解決＆便利技）
4　本書の該当ページ
5　ご使用の OS とソフトウェアのバージョン
6　ご質問内容

なお、お送りいただいたご質問には、できる限り迅速にお答えできるよう努力いたしておりますが、場合によってはお答えするまでに時間がかかることがあります。また、回答の期日をご指定なさっても、ご希望にお応えできるとは限りません。あらかじめご了承くださいますよう、お願いいたします。

問い合わせ先

〒 162-0846
東京都新宿区市谷左内町 21-13
株式会社技術評論社　書籍編集部
「今すぐ使えるかんたん Jw_cad
完全ガイドブック 困った解決＆便利技」質問係
FAX 番号　03-3513-6167

URL：https://book.gihyo.jp/116

■お問い合わせの例

FAX

1　お名前
　　技術　太郎
2　返信先の住所または FAX 番号
　　03-XXXX-XXXX
3　書名
　　今すぐ使えるかんたん
　　Jw_cad
　　完全ガイドブック
　　困った解決＆便利技
4　本書の該当ページ
　　55 ページ　Q 061
5　ご使用の OS とソフトウェアのバージョン
　　Windows 10
　　Jw_cad Version 8.24a
6　ご質問内容
　　手順 5 の画面が表示されない

※ご質問の際に記載いただきました個人情報は、回答後速やかに破棄させていただきます。

今すぐ使えるかんたん Jw_cad
完全ガイドブック 困った解決&便利技

2022 年 1 月 20 日　初版　第 1 刷発行
2023 年 9 月 1 日　初版　第 2 刷発行

著　者●水坂　寛
発行者●片岡　巖
発行所●株式会社　技術評論社
　　　　東京都新宿区市谷左内町 21-13
　　　　電話　03-3513-6150　販売促進部
　　　　　　　03-3513-6160　書籍編集部
装丁●岡崎　善保（志岐デザイン事務所）
編集／ DTP ●オンサイト
担当●竹内　仁志
製本／印刷●大日本印刷株式会社

定価はカバーに表示してあります。

ISBN978-4-297-12488-5 C3055
Printed in Japan

OK
館外貸出可